我
们
一
起
解
决
问
题

高敏感人格

敏感且聪明的人
如何逆势成长

李七七 著

人民邮电出版社

北　京

图书在版编目（CIP）数据

高敏感人格：敏感且聪明的人如何逆势成长 / 李七
七著 . -- 北京：人民邮电出版社，2024. -- ISBN 978
-7-115-64886-0

Ⅰ . B842.6-49

中国国家版本馆 CIP 数据核字第 2024U0K597 号

内 容 提 要

你是否在嘈杂的人群中感到极度不适，对独处的需求很高？你是否容易小题大做？你是否会反复琢磨他人的无心之言、批判甚至眼神？你是否对声音、气味等异常敏感？你是否常被人说"玻璃心""内心戏太多"？你是否像一块情绪海绵，吸收、共情他人的感受，却常因此精疲力竭？你会因为一部电影、一首歌曲甚至一幅画作而深受触动甚至流泪吗？

如果你能真切地体会上述那些"矫情"，如果你曾因为自己的敏感而感到孤独和不被理解，甚至试图隐藏这份敏感的特质以融入"正常"的人群，那么，这本书会告诉你，你并不孤单。在这个世界上，有大约 1/5 的人与你一样拥有高敏感人格。事实上，高敏感并非弱点，而是与生俱来的天赋。本书指导这些人识别并最大化高敏感优势，实现逆势成长。

希望阅读本书的人都可以将高敏感转化为力量，收获自洽且自在的社交、生活及职场体验。

◆ 　　　著　　李七七

　　责任编辑　田　甜

　　责任印制　彭志环

◆ 人民邮电出版社出版发行　　北京市丰台区成寿寺路 11 号

　　邮编 100164　　电子邮件 315@ptpress.com.cn

　　网址 https://www.ptpress.com.cn

　　涿州市般润文化传播有限公司印刷

◆ 开本：787×1092　1/32

　　印张：6.5　　　　　　　　　　2024 年 9 月第 1 版

　　字数：120 千字　　　　　　　2025 年 7 月河北第 3 次印刷

定　价：59.00 元

读者服务热线：（010）81055656　印装质量热线：（010）81055316
反盗版热线：（010）81055315

亲爱的朋友，当你翻开这本书时，我想对你说："欢迎来到高敏感人群的世界！这是一颗隐秘而充满能量的星球，住着一群与你、我相似的人。"

记得多年前的一个秋日傍晚，我和一位朋友在街头散步，几片落叶在风的吹拂中娑娑作响，仿佛在诉说着动人的故事。走到一片空地时，朋友停下脚步，说道："我上高中时，这里有一位卖糖炒栗子的老奶奶，我放学后经常路过她那儿买一份，不过后来城市改造，再也没见过她的摊位了。"

听他讲的时候，我脑海里浮现出一位慈祥的老奶奶推着小车辗转谋生的画面，当糖炒栗子的飘香在时代变迁中化为眼前萧瑟的空地，我心中一下子涌起一股物是人非的伤感之情。我不禁问他："你会觉得伤感吗？"

我以为这会是一场深入灵魂的对话的开始，没想到他却一脸疑惑地看着我："这有什么好伤感的？城市改造很正常啊，吃不到她卖的糖炒栗子就去别家买呗！"

那一瞬间，我产生了一种恨不得钻地缝般的尴尬情绪，仿佛一些见不得人的东西，不小心暴露出来了。我赶紧转移话题，仿佛那个问题从未被提出过。

与朋友的就事论事相比，我显得那么"矫情""内心戏太多""多愁善感"，而这，就是那时的我极力想要隐藏的。

在这个快节奏、高效率的社会，我敏感地察觉到这种林黛玉式的多愁善感是一种不合时宜、不受欢迎的性格特征，于是，我想要将其隐藏起来。

我曾跟随大众脚步，毕业后进了高速发展的互联网行业，在需要快速迭代拿结果的工作环境中，我不断提醒自己要做一个戒掉情绪的成熟的职场人。

然而，那个我从未见过面的老奶奶的形象，却在我脑海中久久挥之不去。我发现，自己很难成为仅仅以工作为目的的"工具理性人"。我渴望深度思考，情感共鸣，他人的一句话能在我心中掀起波澜。这种内心追求与外界期望之间的矛盾，让我长期处于挣扎和困惑中。

后来，我开启了关于"我想活出怎样的人生"的长久探索，试图找到心中的理想职业与生活状态。直到一次偶然的机会，我开始系统地接触心理学，了解到"高敏感人格"这一概念，这一发现犹如一道光，让我开始重新审视自己的经历和感受。

从那时起，我不再内耗，而是专注于挖掘自我价值。通过自媒体分享、写作、开设课程和一对一咨询，我将深度思考和细腻共情转化为优势，找到了宝贵的心流体验。

多年的积累与思考，最终凝结成了这本书。

亲爱的朋友，如果你能感同身受我所描述的那些"矫情"，如果你曾因为自己的敏感而感到孤独或不被理解，如果你曾尝试隐藏这份特质以适应看似"正常"的人群，那么恭喜你，我们相遇了！这本书会告诉你，你并不孤单。在这个世界上，有大约 1/5 的人与你有相似的感受。

你可能就是那些拥有高敏感性这一特殊天赋的人之一。尽管这个词可能伴随着一丝脆弱和被误解的阴影，但请相信，高敏感并非弱点，而是一种潜在的力量。

正如心理学家伊莱恩·阿伦在《天生敏感》中所指出的："敏感的身体、敏感的心灵，带给你敏锐的直觉、洞察力、创造力、热情，更带给你灵性。"

正是因为有了高敏感人的存在，我们的世界才变得更加丰富多彩。

走在"少数派"的路上，我们的旅程也许充满挑战，这本书不仅是一份激励，更是一份实用指南。我们将一起探索高敏感性的奥秘，学习如何将这份天赋转化

为我们的力量，破除误解，拥抱敏感，发现那份被忽视
的潜能。

欢迎来到《高敏感人格》的世界，这是一场为"太
敏感"的你精心准备的旅程。在这里，我们不仅会发现
自己的独特之处，还会学会如何以更健康、更积极的方
式生活，让敏感成为连接世界的桥梁，而不是隔离自己
的围墙。

当然，人的内心世界非常复杂，无法用单一的人格
特质完全定义。但如果这本书能让你对自己的多样性和
可能性有所了解，点亮迷茫中的你，那就很值得了。

如果你不是高敏感人，但你的家人或朋友拥有这样
的特性，也希望这本书能让你对他们多一些理解。

来吧，让我们一起踏上这段旅程，探索高敏感背
后的无限可能。在这个过程中，我希望能成为你的朋
友，与你一同前行，发现那份属于我们的、独一无二的
光芒。

目录
CONTENTS

第一章　你是人群中 1/5 的高敏感人吗

什么是高敏感人格　　　　　　　·003

高敏感人群画像　　　　　　　　·010

高敏感的人都内向吗　　　　　　·031

识别并最大化高敏感优势　　　　·036

第二章　敏感且聪明的人，会经历怎样的有刺世界

看不见的童年　　　　　　　　　·043

成年世界的格格不入　　　　　　·052

无法忽视"华袍下的虱子"　　　　·058

被嘲笑的"白日梦战士" · 063

误入歧途的风险 · 068

第三章 敏感且聪明的人，如何逆势成长

你天性敏感，但绝不脆弱 · 079

化"危"为"机"，逆势成长 · 086

学会说"不"，建立边界感 · 093

停止内耗，学会爱自己 · 102

情绪复原力，学会疗愈自己 · 113

第四章 敏感且聪明的人的成功指南

一旦觉醒，飞速成长 · 129

高敏感人的职场选择 · 143

高敏感人的情感修炼 · 155

表达力与影响力打造 · 162

学会自洽，在物质需求和精神需求之间找到

平衡点 · 170

第五章 敏感且聪明的人的天赋使命

AI 时代人类情感和创造力的守护者 · 181

创建高敏感友好型社会的呼吁 · 187

结语 · 195

第一章

你是人群中 1/5 的高敏感人吗

你是否曾在嘈杂的人群中感到自己与别人不一样，就好像一只在热闹街市中迷失方向的猫，敏感地捕捉着四周每一个微小的声响、色彩和情绪的变化？

你是否在安静的夜晚辗转反侧，对朋友的无心之言反复琢磨，想要探寻那些话语背后未被言说的深意？

或者，在看似平常的一天里，你会因为一部电影、一首歌曲或一幅画作中蕴含的情绪而深受触动？

如果这些情景让你感到共鸣，那么，可能就有人曾对你说过："你真是太敏感了。"但是，当人们谈论"敏感"时，他们真正指的是什么呢？是一种被视为思虑过深的脆弱特质，还是一种被认为无法适应社会的失败者标签？

高敏感人格，或许在你心中是一个比较陌生的概念，但它其实并不罕见。这种特质究竟是天生的，还是随着时间的积累而形成的呢？它具有哪些独特之处？在这一章，我们将一起探索。

什么是高敏感人格

当我们用"敏感"一词来形容一个人时，似乎总带着一丝负面的色彩，好像它是人类独有的、某种不那么受欢迎的性格特征。事实上，敏感并非人类特有，也非缺陷，而是一种深植于生物本能的生存策略。在大自然的广袤画卷中，我们已知的超过 100 种物种都存在"高度敏感"的特性，这些物种包括果蝇和鱼类，它们都采取了一种共同的生存策略：在采取行动前，先暂停、观察，然后深入思考如何处理注意到的情况。这种敏感让它们能够迅速辨识出自身所处环境与以往的不同，从而能够比其他个体更快地对危险或机遇做出反应。[①]

换言之，高度敏感性是自然选择的产物，是生物对环境变化做出反应的一种机制。对人类来说，这种敏感性同样扮演着重要的角色。

哈佛大学心理学家杰罗姆·卡根的研究表明，具有敏感特质的孩子的大脑中，去甲肾上腺素的含量偏高，尤其是孩子们在实验中经受了各种各样的压力之后，表现更为明显。去甲肾上腺素与激动的状态有关。而无论处于压力之下还是在舒适自在的环境中，他们体内的皮质醇含量都普遍高于其他人。皮质醇是一种在长时间激动或疲劳状态下释放的激素。

针对这些孩子更进一步的研究显示，大约20%的婴儿在面对刺激时会产生强烈的反应，如挥动四肢、弓起背部，好似感受到了痛苦或想要逃离，甚至频繁啼哭；一年后，有这样反应的婴儿中有 2/3 发

① 伊莱恩·阿伦.天生敏感［M］于娟娟，译.北京：华夏出版社，2022：228-229

展为高度敏感的孩子，在新环境中表现出极大的恐惧，而只有大约 10% 的孩子不会表现出这种强烈的恐惧反应。这表明，敏感这一特质从出生起就可以被观察到。卡根的研究得出结论：具有敏感特质的人构成了一个独特的群体，在遗传上与其他人存在明显的差异。

这一发现让我们认识到，所谓"敏感"，实际上是一种深刻的、与生俱来的特质，它使某些人能以更细腻的方式感知世界，在复杂的生活环境中找到自己的位置。

首次正式提出"高敏感人格"概念的学者，是美国心理学家伊莱恩·阿伦博士。阿伦博士的研究揭示：高敏感人在人群中占比为 15%~20%，其核心特征可以用"DOES"来总结，每个字母代表一个特征的关键词缩写。

1. 深入处理：D（Depth of Processing）

高敏感人格的个体在接收信息时会进行更深层次的分析和思考。他们倾向于仔细考虑事物的各种可能性和后果，这使他们在做决策时往往更慎重。这种思考模式不仅适用于日常决策，也体现在他们对艺术、文学和人际关系的深刻理解上。

例如，当被朋友邀请参加聚会，高敏感人格的个体可能会思考聚会的环境、与会人员、可能发生的互动和预期的情绪反应，而这样的深度处理有时会导致他们感到筋疲力尽。

2. 过度刺激：O（Overstimulation）

由于高敏感人格的个体对刺激的反应更为敏感，他们更容易在情绪上或生理上感到过度刺激和压力。这种过度刺激常发生在环境嘈杂或容易使人产生复杂情绪的场合。这种过度刺激可能导致他们在长时间处于这种环境后感到疲惫或需要时间独处以恢复精力。

例如，在人多嘈杂的购物中心，高敏感人格的个体可能会感到极度不适，甚至出现焦虑或头痛的症状。

3. 情感反应：E（Emotional Reactivity）

高敏感人格的个体在情绪上的反应性更强，他们不仅对自己的情绪反应强烈，而且具有高度的共情能力，能够感受到他人的情绪和需要。这种敏感性使他们在人际关系中表现出高度的同理心，但同时也可能让他们更容易受到情绪波动的影响。

例如，看到他人经历困难或不幸，高敏感人格的个体可能会深受感染，甚至比实际经历这些情况的人更为难过。

4. 觉察细节：S（Sensing the Subtle）

高敏感人格的个体能够觉察到常人难以发现的细节或微妙变化，无论环境中的轻微变化还是他人情绪的细微波动。

例如，在团队会议中，高敏感人格的个体可能会注意到某位同事的轻微表情变化，从而推断出对方可能对某个议题持反对意见，即使对方并未言明。

顺应天赋能成事，
逆着人群做自己，
我就是那 1/5 的
"天选之子"！

—
高敏感人群画像

高敏感人格的人群画像涉及一系列独有的特征和行为模式，这些特征使他们在处理感官信息、情绪反应及社交互动方面与众不同，即使在外表上可能看不出来。

你一定很好奇，自己是不是高敏感人格呢？让我们通过以下简单的自评问卷，探索 20 个具体情境下的案例，帮助你判断自己是否属于这个特殊的群体。

1. 在强光、响声或特定物质的影响下，你是否容易感到不适或压力倍增？

- **情境**。你走进了一家喧闹、拥挤的酒吧，闪烁的霓虹灯和震耳欲聋的音乐瞬间包围了你。你感到头痛欲裂、心跳加速、呼吸变得急促。你环顾四周，发现其他人似乎都沉浸在欢乐的氛围中，只有你一个人感到格格不入。你强忍着不适，试图融入其中，但内心的焦虑越来越强烈。最终，你选择了离开，走到室外，呼吸着清新的空气，才感到压力慢慢被释放。

- **高敏感特征**。高敏感人格的个体的神经系统通常比普通人更容易被环境中的刺激所激活。他们可能对强光、响声或特定物质异常敏感，这些刺激可能会引发他们的不适反应。

2. 你是否对强烈的气味、粗糙的纺织物触感或极端温度变化感到不适或难以忍受？

- **情境**。当你走进一个飘满香水味的电梯，或者不小心碰到一件粗糙的毛衣时，你感到一阵不适。你皱起眉头，屏住呼吸，甚至感到皮肤发痒。又或者在寒冷的冬天，当你从温暖的室内走到室外，面对骤然下降的温度，你的手脚可能会瞬间冰凉，浑身颤抖。这些感官刺激对你来说可能是一种折磨，影响了你的日常生活质量。你可能会尽量避免接触这些刺激，或者随身携带一些缓解不适的物品，如薄荷油或柔软的围巾。

- **高敏感特征**。高敏感人格的个体的感官系统通常比普通人更为敏锐，对环境中的各种刺激反应更强烈。他们可能对某些气味、粗糙的纺织物的触感或极端温度变化异常敏感，这些感官刺激可能会引发他们的不适反应。

3. 你是否在观看电影或阅读小说时，比其他人更容易被情节中的情感所触动甚至流泪？

- **情境**。你正和朋友们一起观看一部感人的爱情电影。在影片即将结束时，男、女主角经历了生离死别，你的眼眶不禁湿润了。你偷偷抹去泪水，瞥了一眼身旁的朋友，却发现他们似乎并没有太大的触动。走出电影院，朋友们讨论的重点都是剧情和演技，而你的内心还沉浸在悲伤中难以平复。

- **高敏感特征**。高敏感人格的个体通常拥有强烈的共情能力，这种共情的深度和持续时间往往比一般人更甚，常让高敏感人群比常人更容易被触动，进而流露真情实感。

4. 在一次社交活动后，你是否会花费大量时间回想自己的言行是否得当，或者对他人的反应进行深度分析？

- **情境**。你参加了一场聚会，与许多新朋友交谈甚欢。但回到家后，你开始反复回想整个夜晚的细节：是否说了什么不恰当的话？是否有什么举动冒犯了他人？你试图从他们的表情和语气中寻找蛛丝马迹，解读他们对你的真实看法。你在脑海中一遍遍重演那些对话，担心自己给他人留下了不好的印象。这些思绪萦绕在你的脑海里，让你难以入睡。第二天醒来，你可能仍然沉浸在自我反思中，感到焦虑和不安。

- **高敏感特征**。高敏感人格的个体往往会深入地思考自己的行为和感受，他们对自己的内心世界有着深刻的洞察力，这可能导致他们在某些情况下过度反思，从而感到不安或自责。

5. 在人多拥挤的场合，你是否感到特别不舒服或想要逃离？

- **情境**。你走进一家熙熙攘攘的购物中心，嘈杂的人声和拥挤的人流瞬间将你包围。你感到呼吸困难、心跳加速，仿佛空气中的氧气都被抽离。你努力在人群中穿行，却不断被挤来挤去。你感到自己的个人空间不断被侵犯。周围的噪声似乎放大了数倍，让你头痛欲裂。你渴望找到一个安静的角落，哪怕只有片刻的宁静。走出购物中心的那一刻，你长舒一口气，仿佛重获新生。

- **高敏感特征**。高敏感人格的个体对外界刺激的阈值低，易受影响，对人群密集的环境往往感到不适，更喜欢安静和空旷的环境。

6. 你是否常感到疲惫不堪，需要大量的独处时间来恢复精力？

- **情境**。经过一周的工作和社交，你感到筋疲力尽，仿佛所有的能量都被抽空。即使是周末，你也没有心情参加朋友聚会或外出游玩。你渴望在一个安静的午后，独自在家中放松。你泡一杯热茶，蜷缩在舒适的沙发上，聆听柔和的音乐或阅读一本喜爱的书籍。在这片宁静中，你感到自己的身心逐渐恢复平静。没有人打扰，没有外界的期望，只有你和自己的内心世界。

- **高敏感特征**。高敏感人格的个体往往需要更多的独处时间来处理和消化他们的情感体验，恢复精力。

7. 在面对他人的情绪时，你是否容易被感染，甚至在对方没有明显外在表现的情况下也能感受到？

- **情境**。当你走进办公室时，你注意到同事安静地坐在座位上，埋头工作。虽然他没有明显的情绪表现，但你凭直觉感到他心情低落。当你关心他的情况时，你从他的眼神中捕捉到一丝悲伤。你立刻意识到，他可能遇到了一些困难或挫折。那一刻，你感受到他的情绪在你心中引起了共鸣，你的心情也随之变得沉重。

- **高敏感特征**。高敏感人格的个体对他人的情绪非常敏感，他们能够轻易地感受到他人的情绪变化，这种强烈的共情能力使他们成为理解他人的好伙伴，但同时也可能承受来自他人情绪的重负。

8. 你是否对食物或药物的反应比一般人更为敏感？

- **情境**。你和朋友一起去一家新开的餐厅用餐。当你品尝一道看似普通的菜肴时，突然感到喉咙发紧，皮肤开始发痒。你意识到自己可能对某种食材产生了过敏反应。你的朋友对同样的菜肴毫无不适，但你却需要立即停止进食，并服用抗过敏药物。类似的情况也可能发生在服用新药时，即使医生开具的剂量适中，你却比其他人更容易出现副作用，如头晕、恶心、皮疹等。

- **高敏感特征**。高敏感人格的个体往往对食物或药物有着比一般人更强烈的反应。他们的身体似乎对某些成分或化合物更为敏感，容易出现过敏症状或不良反应。这可能与他们的神经系统和免疫系统的独特性有关，使他们对外界物质的刺激反应更加强烈。

9. 你是否在压力下容易感到不知所措，需要更多的时间和精力来处理和适应变化？

- **情境**。你刚刚接到通知，你的工作岗位将发生变动，你需要适应新的团队和工作环境。虽然这可能是一个积极的变化，但你却感到莫名的焦虑和压力。你开始担心自己是否能够很好地融入新的团队，是否能够快速掌握新的工作内容。即使在下班后，这些思绪仍然萦绕在你的脑海中，影响你的睡眠质量。你发现自己需要比同事更长的时

间来适应这个变化，无法立即投入新的工作状
态中。

• **高敏感特征**。高敏感人格的个体在面对重大变化
或压力时，往往会比一般人感到更强烈的不安和
焦虑。他们对环境的变化更加敏感，需要更多的
时间和精力来处理自己的情绪反应，并适应新的
情况。这可能源于他们对不确定性的忍受度较
低，以及对自己的高期望和完美主义倾向。

10. 你是否常在脑海中生动地想象未来的场景或可能发生的事情？

• **情境**。当你计划一次重要的演讲时，你的脑海中
开始浮现出各种可能的场景。你想象自己站在台
上，面对台下的听众。你清晰地看到自己的着
装，感受到手中演讲稿的重量。你甚至能听到自
己的声音在会场中回荡。但同时，你也在脑海中
模拟了可能出现的问题：如果演讲设备出现故障
怎么办？如果有人提出尖锐的问题怎么办？你在

脑海中一一设想应对方案，努力为每一种可能性做好准备。这种生动的想象力帮助你更全面地准备演讲，但也可能加重你的焦虑和压力。

- **高敏感特征**。高敏感人格的个体往往拥有非常丰富的内心世界和想象力。他们倾向于在脑海中生动地模拟未来的场景，考虑各种可能性。

11. 你是否欣赏美的事物并对其有强烈的反应，无论艺术、音乐还是自然景观？

- **情境**。你走进一家艺术博物馆，站在一幅震撼人心的画作前，你感到自己仿佛被画中的情感所吞没，每一笔色彩都在你的心中激起涟漪。你久久地凝视着这幅画作，感受到艺术家想要表达的情绪在你的内心深处引起共鸣。

- **高敏感特征**。高敏感人格的个体往往对美有非常敏锐的感知力和欣赏能力，能够深刻地感受到艺术、音乐或自然景观中蕴含的情感和意义，并在内心产生强烈的共鸣。这种共鸣不仅停留在表面的欣赏，而是一种灵魂深处的触动。高敏感人格的个体往往能够从美的事物中获得更多的情感体验和心灵滋养。

12. 你是否在遇到问题或困难时，倾向于反复思考，难以"放下"？

- **情境**。你在工作中遇到了一个棘手的问题，虽然已经尽力去解决，但似乎总是无法完美地处理一些细节。下班回家的路上，你的脑海里不断浮现问题的种种细节，试图寻找可能被忽略的解决方案。即使回到家中，你仍然难以完全放松，总感觉还有什么可以改进的地方。晚上躺在床上准备入睡，大脑却不受控制地继续思考这个问题，你辗转反侧，难以入眠。

- **高敏感特征**。高敏感人格的个体往往思维活跃，倾向于深入分析问题，有时甚至会过度思考。

13. 你是否在做决定时，不仅考虑自己的感受，还会顾及你的决定可能对他人产生的影响？

- **情境**。你正面临一个重要的职业抉择——是接受一份新的工作，还是留在当前的公司。这份新的工作可能意味着更高的薪资和职位，但同时也需要你搬到另一个城市，离开现有的生活圈和朋友。在权衡利弊时，你不仅会考虑这个决定对自己事业和生活的影响，还会仔细思考这可能给身边的人带来什么变化。你会担心搬离现在的城市会疏远某些朋友，也许还会影响父母的生活。这些顾虑让你感到纠结，难以轻易做出决定。

- **高敏感特征**。高敏感人格的个体的同理心往往比较强，他们在做决定时不仅关注自身的感受和需求，还会充分考虑决定可能对他人产生的影响。这种全面考虑的倾向虽然体现了他们的细腻和体贴，但有时也可能导致决策困难和过度紧张。

14. 你是否常对自己和周围的世界提出深刻的问题，思考人生的意义和价值？

- **情境**。在一个安静的夜晚，你独自一人坐在窗前，凝视着窗外的星空，不禁开始思考人生的种种问题：我的存在有什么意义？我应该如何度过这一生？这个世界为什么会是现在的样子？我能为这个世界做些什么？这些深奥的问题似乎没有标准答案，但你仍然乐此不疲地探索，试图找到属于自己的人生哲学。

- **高敏感特征**。高敏感人格的个体往往具有强烈的内省倾向，他们常对生命的本质问题进行深入探索。这种对深层次问题的关注，赋予了他们独特的洞察力和感悟能力，但同时也可能带来一些焦虑和困惑。

15. 在处理日常事务时，你是否追求完美，对细节有较高的要求？

- **情境**。你正在准备一份工作报告，即使已经反复检查了多遍，但你仍然感到有些不满意。你会字斟句酌细细推敲，调整格式和布局，力求达到最佳效果。即使是一个很小的细节，如标点符号的使用或图表的颜色搭配，你也会认真对待，生怕有任何瑕疵。有时，你会因为过于追求完美而导致工作延误，给自己带来额外的压力。

- **高敏感特征**。高敏感人格的个体往往有较高的完美主义倾向，他们对自己和他人的工作有严格的标准。这种对细节的关注和对高质量的追求，有时也可能导致过度紧张和自我怀疑。

16. 你是否在学习新事物时喜欢深入探究，追求彻底理解而不仅仅是表面的认识？

- **情境**。你最近对一个新的学科产生了兴趣，如量子物理。在阅读了一些科普文章后，你对这个领域有了初步的了解，但你并不满足于此。你开始主动寻找更专业的图书和论文，试图理解量子物理的数学原理和哲学内涵。你乐此不疲地投入时间和精力，即使遇到了一些难以理解的概念，你也不会轻易放弃，而是通过查阅资料、与他人讨论等方式，努力攻克难关，直到获得一种"恍然大悟"的感觉。

- **高敏感特征**。高敏感人格的个体往往具有强烈的求知欲和探索精神，他们倾向于深入挖掘，追求对事物的全面理解。

17. 你是否对批评和负面反馈特别敏感？

- **情境**。在一次工作会议上，你展示了一个精心准备的方案，你的上司指出方案中的一些问题，并提出了一些改进建议。虽然你明白上司的意见是中肯的，但情感上却难以接受。你感到沮丧和受伤，甚至开始怀疑自己的能力。接下来的几天里，你不断回想上司的评价，心情一直处于低落状态，工作效率也受到了影响。

- **高敏感特征**。高敏感人格的个体对情绪的反应更为强烈，他们可能会对负面反馈产生深刻的情绪体验，这些体验可能比一般人更持久、更难以处理。

18. 你是否注意到他人通常忽视的细节，如微妙的表情变化或环境中的微小变动？

- **情境**。在一次朋友聚会中，大家正热烈地讨论着最近的生活趣事。你注意到，一位平时活跃的朋友今天似乎异常安静。虽然她在微笑，但你捕捉到了她眼神中一闪而过的忧虑。你意识到她可能有心事，于是在聚会结束后，你主动找到她，关切地询问她是否一切都好。你的朋友感动于你的细心和体贴，向你倾诉了她最近的烦恼。

- **高敏感特征**。高敏感人格的个体通常具有敏锐的
  观察力和洞察力，他们能够注意到他人的情绪和
  行为中的细微变化，捕捉到那些容易被忽视的
  细节。

19. 你是否倾向于避免观看或阅读含有暴力或悲剧内容的影视作品或图书，因为这会让你感到极度不安或沮丧？

- **情境**。在选择影视作品或图书时，如果你知道故
  事情节中包含悲伤或暴力元素，你会故意避开，
  选择更加轻松、愉快的内容。例如，当朋友推荐
  一部著名的战争电影或一本描述人物悲惨命运的
  小说时，你会感到犹豫不决，担心观看或阅读后
  会长时间处于沮丧或不安的情绪中。

- **高敏感特征**。高敏感人格的个体通常对情绪刺激
  的反应更强烈和持久。因此，他们倾向于避免这
  类刺激，以保护自己免于过度的情绪波动。

20. 你是否发现自己在情感上对季节变化、天气变化或月相变化有微妙的反应，如在某些季节感到更加忧郁或兴奋？

- **情境**。在秋季的某个下午，天气突然变得阴沉，你会发现自己的心情也随之变得有些低落。或者在春天，当万物复苏、阳光明媚时，你会感到格外的兴奋，充满活力？在满月之夜，你会感到情绪激动，睡眠质量受到影响。

- **高敏感特征**。高敏感人格的个体往往对外界环境变化有更为敏锐的感知能力，包括季节变化、天气变化或月相变化。这些自然环境的变化可能会对他们的情绪产生微妙而深刻的影响。

如果你在这份自评问卷中发现上述描述与你的日常体验贴近，在大多数问题上的回答都倾向于"是"，那么你很可能具有高敏感人格特质。这些问题涵盖了高敏感人在处理感官信息、情绪和环境刺激时，情感、思维、感官、社交、决策等方面的典型特征。

当然，每个人都是独特的个体，拥有不同程度的敏感性。理解并接纳自己的独特性，学习如何在生活中更好地应对和利用自己的敏感特质，可以帮助你获得一种更加丰富和深刻的生活体验。

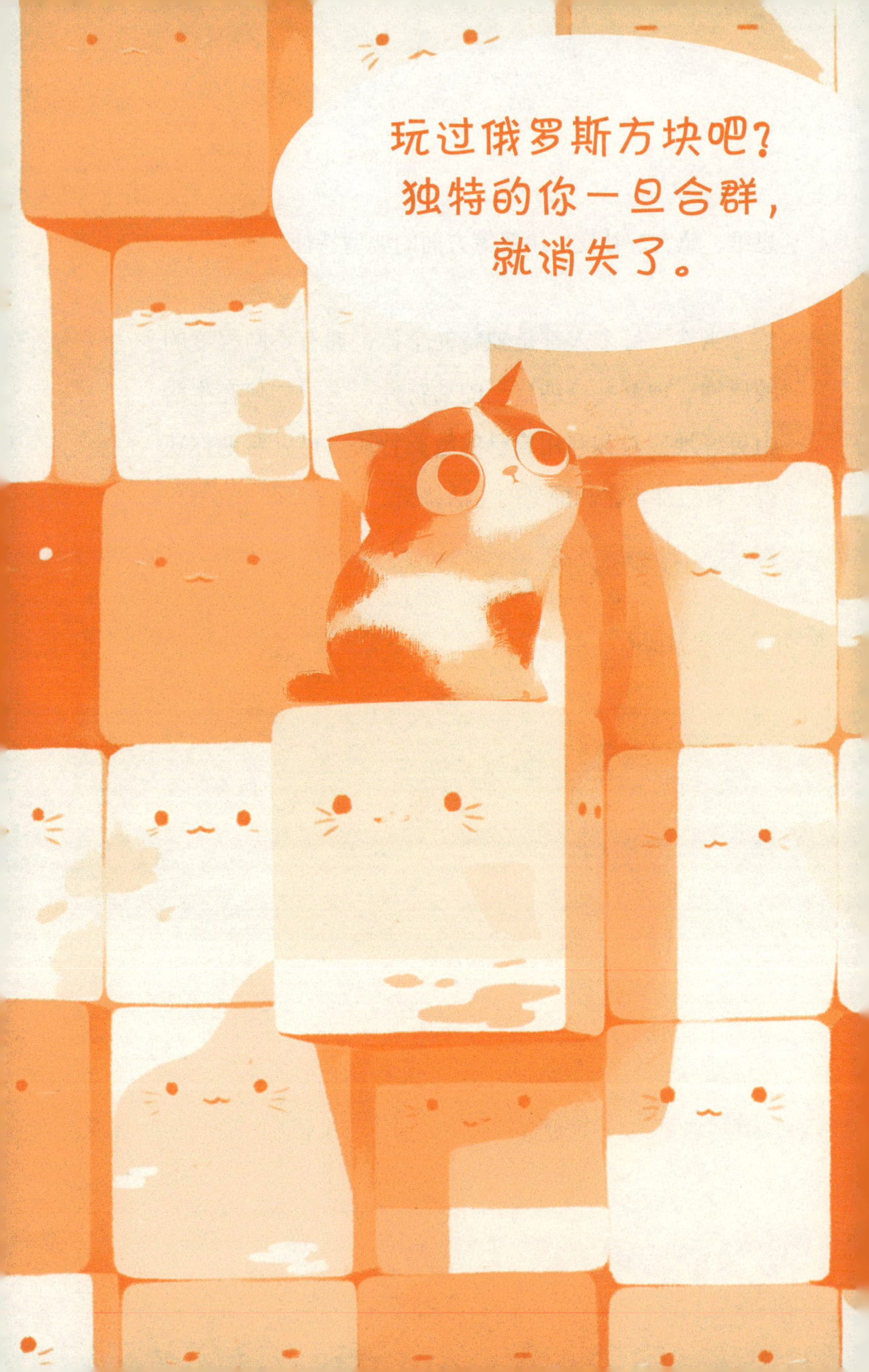
玩过俄罗斯方块吧？
独特的你一旦合群，
就消失了。

高敏感的人都内向吗

在探讨高敏感人格的旅程中，我们不可避免地会遇到一个常见的疑问：所有高敏感的人都内向吗？

其实，高敏感和内向是两个相关但不完全重合的概念。

伊莱恩·阿伦博士指出，高敏感是一种先天的气质特征，高敏感人的神经系统比一般人更为敏感，对外界的各种刺激反应更强烈、更持久。这使他们在情绪体验、感官敏锐度、同理心等方面表现出独特的特质。

　　而内向则是一种性格维度，最早由著名心理学家卡尔·荣格提出，他于 1921 年出版了一部重磅心理学著作——《心理类型》，书中将内倾型与外倾型（也就是我们所说的内向与外向）作为人类性格的中心建构。内向者的注意力和能量更多地指向内心世界，他们喜欢独处，在安静的环境中感到舒适和充实。相比外向者，内向者更加慎重、独立，倾向于通过深度思考来处理信息和做出决策。

　　高敏感人和内向者在哪些方面表现出共同点呢？

　　第一，他们都偏好安静的环境，容易被过度的外部刺激所干扰并因此而感到疲惫。例如，在嘈杂的派对或人声鼎沸的商场，高敏感人和内向者可能都会感到不适，渴望找到一个安静的角落来喘口气。

　　第二，他们都倾向于独处，在与自己相处的时光中获得满足和充实感。一个内向的高敏感人可能会在周末选择独自在家阅读、冥想或从事创造性的活动。

第三，他们通常都具有深刻的内心世界，善于反思和自我觉察。他们对生活中的细节和情感体验有敏锐的洞察力，能够从不同的角度思考问题。

但是，并不意味着所有高敏感人都穿着内向的外衣。根据阿伦博士的研究，大约有 30% 的高敏感人其实是外向的，他们在社交舞台上同样灵动自如，能够在人群中尽情绽放自己的光彩，只是在处理感官信息时更为细腻和深刻。这一发现打破了高敏感总是与内向等同的刻板印象，展现了高敏感人格的多样性。

一位外向的高敏感人分享道："我喜欢与人交流，喜欢在聚会上结识新朋友。我会在社交场合中观察每个人的动作和表情，去感受他们的情绪。但我也发现，我比其他人更容易感到疲惫，更需要独处的时间来恢复能量。"

高敏感人的敏感不仅限于内心体验，还表现在对外界细微刺激的强烈反应上。他们可能对特定的气味、声音或光线异常敏感，容易被环境中的微小变化所影响。而内向者的敏感主要集中在内心层面，对外部刺激的反应并不一定比其他人更强烈。

此外，高敏感人通常具有强烈的情绪共情能力，能够深刻地感受和理解他人的情绪。他们的同理心和敏锐的洞察力使他们在人际交往中表现得细腻和体贴。而内向者虽然也可能具有良好的共情能力，但这并非他们的显著特征。

总之，高敏感并不是一个单一的标签。在这个多元化的世界里，无论你是高敏感人、内向者还是两者兼而有之，认识和接纳自己的独特气质和性格特点都是非常重要的。它是一种力量，能帮助我们更好地理解自己，拥抱自己的独特性，在这个纷繁复杂的世界中找到自己的位置和价值。当我们真正了解并接纳自己的内在世界时，我们才能更自信、更坦然地面对外部世界的挑战。

人海中做一朵安静的小浪花，
内心的宇宙才是我最璀璨的星河。

识别并最大化高敏感优势

如果将大多数人的感知能力比作一台普通的收音机，那么高敏感的你就像拥有一台能够接收更多频道、更细微信号的高级版收音机。你能够感知到那些细微的情绪变化，体验到更加丰富多彩的感官世界。这种能力使你在日常生活中体验到更丰富、更深刻的情感和感受。

在这份敏感中，蕴藏着无限的可能。历史上那些留下不朽足迹的伟大思想家和艺术家中，不乏高敏感人。

弗吉尼亚·伍尔夫是一位以独特的文学风格和深刻的情感表达开创现代主义文学新纪元的女性，她的文字，就像她的心灵，细腻而富有深度。她对情感的敏感捕捉和表达，让她的作品充满了生命力。正是这份高度的敏感，使她能够以文字捕捉生活中最微妙的情感波动，创作出触动人心的文学作品。在她的小说《到灯塔去》中，伍尔夫通过细腻的心理描写和意识流手法，深刻揭示了人物内心的挣扎和情感变化。这种对人性深层次的洞察，正是源于她作为高敏感人的敏锐感知力。

卡尔·荣格，他的敏感让他能够洞察人类心灵最深处的奥秘。荣格的理论不仅开辟了心理学研究的新天地，也为理解人类行为和情感提供了深刻的视角。他提出的"集体无意识"概念，揭示了人类心灵深处共同的原型和符号。这一理论的提出，离不开荣格对自身内心世界的深刻探索和敏锐洞察。正如他在《荣格自传：回忆、梦与思考》中所写："我所有的写作都可以看成是从内在施加的任务，源于一种命中注定的冲动。我写下的是那些从内心向我发动袭击的事物。我允许那触动我的灵魂公开表达。"他的敏感，成了他探索人类内心世界的钥匙。

再看文森特·凡·高，这位后印象派画家以其独特的绘画风格和鲜明的色彩运用，开创了现代艺术的先河。凡·高的作品，如《星夜》《向日葵》等，都充满了强烈的情感表达和个人风格。这种艺术风格的形成，与他作为高敏感人的特质密不可分。凡·高对色彩和光线的敏锐感知，让他能够以独特的方式捕捉自然之美和细腻的情感。他在其自传里，大量地描写了他如何用色彩来表达内心深处的激情。这种对内心情感的敏感表达，正是高敏感艺术家的典型特征。

那些历史上的卓有成就的知名人物，他们的高敏感性是他们无法被复制的标志，是他们在各自领域留下印记的关键。通过理解和挖掘这些优势，高敏感人不仅能够实现自我超越，更能在多个领域发挥出独特的影响力。

　　然而，要在现代社会中发挥高敏感的优势，并非易事。在崇尚外向、果断、强势的文化环境中，高敏感人可能会面临许多挑战。接下来，我们将深入探讨敏感且聪明的人如何在一个充满挑战的世界中找到自己的位置。我们将从高敏感人的童年故事开始，一步步揭示他们如何在纷繁复杂的世界中找到自己的光芒，并让它照亮前行的道路。

我就是自己的太阳，无须凭借谁的光。

第二章

敏感且聪明的人，会经历怎样的有刺世界

上一章我们提到，高敏感人拥有一种别致的天赋——一个丰富而深邃的内心世界，对周遭细微之处有着非凡的洞察力。

然而，在一个崇尚外向、果断、强势的社会中，高敏感人的特质很容易被误解为软弱或不合群。正是这份敏感，让你时常陷入自我怀疑的旋涡，在与他人的比较中迷失自我。你可能会质疑自己："为什么我不能像其他人那样坚强、果断？为什么我总是这么敏感，这么容易受到伤害？"这种自我怀疑，加上周围人的不理解，可能会让高敏感人感到孤独和无助。

敏感的人，从出生起，便不得不应对一个充满挑战和矛盾的"有刺世界"。你与生俱来的敏感特质，如同一把双刃剑，既赋予你非凡的洞察力和创造力，也让你面临更多的挑战和困扰。

看不见的童年

对高敏感的孩子来说，童年是一段特殊而又关键的时期。儿童要发展出自我价值感，感到自己在这个世界上是重要的，首先需要父母来确认他们最基本的价值。但高敏感人格的孩子，却容易成为一个看不见自身价值的孩子。

当你还是一个襁褓中的婴儿时，这个世界对你来说是全新而又陌生的，强烈的感官刺激就开始侵袭着你敏感的神经。婴儿房里明亮的灯光刺痛了你的眼睛，让你止不住地啼哭；陌生人的怀抱让你感到不安和恐惧，你紧紧地攥着小拳头，渴望回到熟悉的怀抱中。

你的体质比其他孩子更加娇弱，经常生病。这种敏感的天性，让你从出生起就是一个"更让父母操心"的孩子，你的父母需要投入更多的时间和精力，也更容易感到疲惫。

很多高敏感的孩子在有记忆之后，都少不了听到父母在你耳旁絮叨着你小时候有多让人操心，照顾你有多辛苦。他们提到大半夜紧急送你去医院的细节，语气中难掩当时的焦虑与不安。你知道父母并非有意给你压力，但敏感的内心却无法轻易释怀。你开始自责和内疚，认为自己从小就是个"麻烦"，是个"负担"。

当你踏入校园，开始了人生的新篇章时，你很快意识到自己与其他孩子的不同。

在课堂上，你敏锐的感官让你对周围的一切都更加敏感。窗外的鸟鸣声、走廊里的脚步声，甚至是同学们情绪的细微变化，都能轻易地吸引你的注意力。当你对这些细节做出反应时，老师可能会误以为你注意力不集中或有行为问题。

与其他孩子相比，你更喜欢独处，不喜欢做一些冒险的行为。你对批评极为敏感，哪怕是几句不友善的言语，都能让你伤心许久。同学们可能会给你贴上"胆小""爱哭"的标签，老师和父母也可能认为你过于敏感、不合群。

在一个注重学习成绩的环境中，当你沉浸在自己的思考中，对周围奇妙的事物产生好奇时，老师和父母的反应往往让你感到困惑和失落。

记得有一次，你在课堂上提出了一个关于宇宙起源的问题，你对未知世界充满了向往。然而，老师却皱了皱眉，敷衍地回答："这个问题与我们的课程无关，你还是专心听讲吧。"你的好奇心被无情地浇灭，内心的小宇宙也随之黯淡下来。

放学后，你兴冲冲地跑到妈妈面前，想与她分享你在美术课上创作的一幅抽象画作。画作色彩斑斓，线条流畅，表达了你内心复杂而微妙的情感。然而，妈妈只是匆匆扫了一眼，就问道："你数学考得怎么样？有没有进步？"你的心情瞬间跌入谷底，那份对美的敏感和创造力，似乎在这个以分数论英雄的世界里毫无立足之地。

在家人的眼中，你的敏感特质常被视为"矫情""不合群""有问题"。他们更希望你能像其他孩子一样，专注于考试，获得更高的分数和更好的排名。你的内心世界、你对生活的独特感悟、你在艺术方面的天赋，都不如一张漂亮的成绩单来得重要。

渐渐地，你开始压抑自己的好奇心和创造力，努力融入这个以成绩为导向的体系。于是，那个敏感而富有想象力的小宇宙，慢慢被现实的重压所掩埋。

为了让你更好地融入集体，大人们可能会用各种方式试图"矫正"你的行为。你的父母希望你能够更加"坚强"和"独立"，以适应社会的期待。他们的爱是真实的，但在方法上却可能无意中忽略了你真实的内心世界。你开始怀疑自己的感受是否正常，自己是否被接纳，对自己是否有价值感到迷茫。

许多父母认为，孩子是没有记忆的，骂几句、打一顿不会造成什么影响。但对敏感的你来说，这些伤人的话语和行为会在脑海中挥之不去。父母可能认为通过训练可以增强你对指责的承受力，但事实上，过度的指责和惩罚只会让你更加自卑和退缩。

由于敏感特质带来的格格不入，你开始怀疑自己是个"怪人"。高度敏感的内向思考模式，让你更容易将外界的反应转化为自我批判和攻击。

如果父母只在你符合他们的期望时给予奖励，却从不支持你成长为独特的自己，你可能会认为真实的自己是不被喜爱的，长大后总是感到深深的无价值感和不安全感。

对父母来说，由于缺乏对高敏感特质的了解和自身的局限性，他们无法很好地满足孩子的心理需求。

这种养育方式，虽然无心，却也会对你造成无形的伤害。

还有更糟糕的情况。不得不接受一点，不是所有父母都是称职的父母。当你生活在一个缺乏安全感和关爱的家庭环境中时，那种无助和伤痛更是难以言喻的。

也许，你的父母并非有意伤害你，但他们有自己的困境和局限，无法给予你应有的关爱。在这样的环境中，高敏感但聪明的儿童比一般孩子更早熟，你不得不过早地扮演起照顾者的角色，为父母提供情感支持，承担起不属于孩子的重担。

作为一个高敏感的孩子，你对他人的情绪反应格外强烈。父母的冷漠、忽视、情绪化甚至暴力行为，都会在你心中留下难以磨灭的创伤。你常感同身受，甚至将负面情绪内化，认为是自己的错。这种长期压抑和恐惧的氛围，很可能导致抑郁、焦虑等心理问题。

为了避免触怒父母，你小心翼翼地遵守每一条规则，力求表现完美。然而，这意味着你必须压抑自己的正常情绪，如烦躁、沮丧、愤怒等。你的天性无法得到自由的发挥，快乐的童年似乎离你越来越远。

学校生活也并非一帆风顺。你的敏感和同理心，让你更易成为校园欺凌的目标。那些高大、强壮的孩子总是盯上你，嘲笑你，欺负你。你不理解，为什么他们要如此恶劣地对待你，明明人与人之间应该友好相处，彼此共情。而当这些事情发生时，你却难以开口求助，只能默默承受这些深深的伤害。

亲爱的孩子，我想告诉你，这一切都不是你的错。你所经历的，是一个容易被上流社会忽视的高敏感儿童群体的共同困境。你独特的天赋和需求，往往被误解和忽略。但请记住，你值得被爱，值得被理解。

"看不见的童年"是一个需要被关注和理解的话题。通过家长、教育工作者和社会的共同努力，我们可以为高敏感儿童创造一个更加包容和理解的成长环境。

让我们一起努力，点亮那些"看不见的童年"，让每一
个高敏感孩子的天赋都能够得到发展。做颗小星星，
有棱有角还亮晶晶。

做颗小星星，
有棱有角还亮晶晶。

成年世界的格格不入

　　亲爱的高敏感朋友，当你步入成年世界，是否常感到自己仿佛置身于一个"异类星球"？在快节奏、高压力、重实用、强竞争的社会中，你非凡的觉知力和超常的敏感性，似乎成了一种"异类特质"。你可能感到自己如同一个局外人，站在社会的边缘，望着喧嚣的人群，却难以真正融入其中。

　　这种格格不入感，在工作方式上尤为明显。作为一个高敏感人，你往往追求完美、注重细节，对工作质量有近乎苛刻的要求。你习惯于深入思考问题，从多个角度去分析和权衡，力求找到最优解。然而，在

快节奏的、分工越来越细致的职场环境中，这种工作
方式常被视为"效率低下"和"优柔寡断"。

就像你在设计方案时，总是反复斟酌每一个细节，
力求达到最佳的视觉效果和用户体验。但在项目进度
紧张的情况下，你的这种"慢工出细活"的作风却招
来了同事和上司的不满。他们认为你"想得太多""做
事磨蹭"，影响了整个团队的工作效率。面对这种压
力，你感到非常委屈和无奈，不明白为什么追求高质
量反而成了一种缺点。

社交场合也常让你感到不适应。你不擅长应付推
杯换盏的酒桌文化，对表面的寒暄和客套感到乏味和
空洞。你渴望深度的交流和心灵的触碰，而不是浅尝
辄止的闲聊和笑谈。在公司的团建活动中，当同事们
在聚会或在餐桌上谈笑时，你却感到无所适从。你不
喜欢嘈杂的环境和肤浅的玩乐，宁愿一个人静静地发
呆或看书。渐渐地，同事们开始议论你"不合群""高
冷"，甚至有人在背后嘲笑你是个"呆子"。你对此感
到很受伤，不明白为什么自己无法融入集体，明明只

是想做真实的自己。

在情感表达上，高敏感人也常感到自己格格不入。你的情感体验往往比常人更加细腻和强烈，对他人的情绪变化非常敏感，能够察觉到言语背后隐藏的情绪波动。同时，你也更容易被负面情绪所影响，对批评和否定反应强烈。然而，在充满理性的工作环境中，这种情感特质常被视为软弱和多愁善感。

你在与客户沟通时，总是能够敏锐地捕捉到对方的情绪变化，并及时调整自己的话术和策略。但当你在团队会议上提出自己的想法时，却常因为语气过于委婉、表达不够强势而被同事打断或忽视。领导批评你"太感性""说话没有底气"，你在团队中越来越自卑和沉默。你感到很沮丧，不明白为什么善于洞察人心反而成了一种劣势。

生活节奏的差异也让高敏感人感到格格不入。你在生活中往往追求慢节奏和简单化，喜欢独处和安静，需要大量的私人时间来充电和反思。然而，在快节奏、高压力的都市生活中，这种生活方式常被视为逃避现实。你希望上班时做好本职工作，下班后有自己的空间。你向往自由职业者的生活方式，喜欢慢悠悠地在咖啡馆里工作，一边品味咖啡的香气，一边让思绪自由地流淌。然而，家人、朋友却认为你"不思进取""不求上进"。面对这种舆论压力，你感到很委屈和困惑，不明白为什么追求自己想要的生活方式也会受到非议。

更深层次的挑战来自价值观的冲突。追求"慢、细、深"的生活哲学的高敏感人常被视为异类。你追求心灵的自由和生命的意义，但这些在他人眼中却成了"不务正业"和"不食人间烟火"；你关注弱势群体的权益，热衷于环保和公益事业，但这些却被认为是"不切实际"和"自讨没趣"；你向往诗意的栖居和高尚的灵魂，但现实世界却充斥着竞争；你向往真挚的爱情，但在现实中，很多人更看重外貌，而不是内心的契合和灵魂的共鸣。这种价值观的冲突，让你感到格格不入和无所适从。

你常在自我认同和社会期待之间感到矛盾。一方面，你意识到自己的敏感性让你能够以不同的视角看待世界，你渴望一个友好共情、彼此尊重的社会环境；另一方面，社会对于"强者"的定义，往往与敏感性背道而驰。你的细腻、敏感似乎成了一种累赘，让你感到孤独和无助。

对高敏感成年人而言，最大的挑战在于如何在保持自我的同时，与主流社会和谐共处。对高敏感成年人而言，这或许是一条漫长而孤独的自我探索之旅，但只有经历了这个过程，你才能真正找到属于自己的位置，绽放独特的光彩。

B-612 星球上的小王子说，
别着急融入人群，
你是来教地球人欣赏日落的。

无法忽视"华袍下的虱子"

　　高敏感人拥有一种天生的、敏锐的知觉力，这种敏感性赋予了你对周围环境更加细腻和深入的观察力。在人际交往和社交场合中，你能敏感地捕捉到他人的复杂情绪，对于真、善、美的事物有一种本能的向往，而对于虚假、邪恶和丑陋的事物则难以忍受。

　　著名作家张爱玲曾经在《天才梦》里无奈地感慨："生命是一袭华美的袍，爬满了虱子。"你的洞察力让你能够发现那些常人忽视的细节，看透那些被精心掩盖的真相，那些光鲜华丽的裘袍下搞蚕食破坏、令人不适甚至得病的虱子。

无论校园里的欺凌问题、职场的钩心斗角、不良的社会风气，还是感情中的欺骗与背叛，这些社会的阴暗面都深深触动了你的心弦。面对这些不公和虚伪，你的内心无法保持冷漠，反而感到一种强烈的痛苦和不适，甚至伴随深刻的不安和愤怒。

对高敏感人来说，选择对社会的不公、不义视而不见，简直是一种折磨。然而，现实社会具有复杂性，为了生存和适应，许多人不得不学会妥协。

在这种环境中，试图揭露和抵抗这些不公现象的行为常被视为不合时宜的甚至是危险的。你的正义感和同理心，虽然是人类最宝贵的品质之一，却得不到足够的认可和支持。这种矛盾，让许多高敏感人在坚持自己的道德信念与适应社会现实之间，感到极大的心理压力和痛苦。

例如，当你在工作场所揭露了不正之风，本以为可以纠正错误，却发现自己反而成了被排挤和攻击的对象。你可能被质疑为"不懂规矩""不会做人"，甚至遭到排挤或解雇，这种经历，不仅是对你信念的打击，更是对你情感的重创，让你陷入深深的困惑和失落中。

尽管如此，高敏感人仍然坚持他们的内心信念。你深知，如果社会中的每个人都选择对不公、不义视而不见，那么社会的未来将是冷漠、虚伪的。这种对未来社会的担忧，让你即使面临巨大的个人风险，也无法停止追求正义的脚步。你相信，在时间的长河中，真实的东西总是具有不可替代的力量。

敏感性可能让你对社会的不公和瑕疵感到更加剧烈的痛苦和不适。然而，正是这些痛苦和不适，催生了你追求公正和美好世界的勇气与决心。这种从痛苦中提炼出的坚持和勇气，赋予了你一种独特的力量。

你用敏锐的感知去洞察这个世界的不完美，用坚定的正直去对抗那些明显的不公，用温暖的同理心去抚慰那些被忽视的伤痛。这不仅是对自身性格的一种超越，也是对社会不公的一种有力回应。

　　在一个日益需要关注社会正义和人性关怀的时代，
这种敏感并不是弱点，而是一种能够触动人心、促进
变革的强大力量。在这个过程中，每一次站出来发声，
无论看似多么微小，都是在为构建一个更加公正和富
有同情心的社会贡献力量。

如果生命是一袭爬满
虱子的华美的袍，
那我就是抓虱子大师。

被嘲笑的"白日梦战士"

在现代社会中，追求梦想的高敏感人常被视为"白日梦战士"，你的生活仿佛重现了文学中的堂吉诃德形象。这位骑士梦想家，骑着一匹弱不禁风的瘦马，手持一把破旧的长剑，勇敢却又看似荒谬地与巨大的风车作战。这一形象成为文学史上的经典，也成为追求梦想与现实挣扎的象征。对高敏感人而言，这种形象反映了你在现实世界中的处境——内心充满理想，却常与现实世界碰撞得满身是伤。

你，作为一位高敏感人格特质的人，天生具备更敏锐的感知力和更细腻的情感，这赋予了你更丰富、更复杂的内心世界。你可能会花费大量时间沉思一些宏大的问题：人存在的意义是什么？我们为何而活？宇宙的奥秘何在？生与死的边界在哪里？人类的过去和未来将会如何演变？如何才能创造一个真正美好的世界？这些深刻的思考源于你对生命和世界的深度好奇和执着追求。

然而，现实世界往往难以满足高敏感人的内心理想和憧憬。大多数人并不倾向于思考这些抽象且宏大的问题，他们更愿意将时间和精力投入现实生活的具体体验中，寻求直接的快乐和满足。这种对现实的追求，对高敏感人来说，往往显得浅薄，难以填补你内心深处的空虚和渴望。

在现实主义盛行的社会中，高敏感人往往被视作不切实际的"白日梦想家"。你的内心，如同一团炽热的火焰，总是对一个更加美好的世界抱有无限的向往和追求。这份追求并不仅限于个人生活的美满，它扩展到了对整个社会乃至全世界的理想设想。你希望通过自己的方式去改变这个充满瑕疵的世界，使之变得更加美好。

然而，当你如同堂吉诃德一样，孤独地向着自己心中的"风车"发起冲锋时，周围人的不解和嘲笑往往成为你必须面对的现实。在一个强调务实的环境中，你的理想主义有时看起来像是空中楼阁，易被人视为白日梦。

这种"梦想家"特质给你的现实生活带来了不少挑战和困扰。理想与现实的激烈碰撞，常让你感到疲惫不堪和焦虑重重。坚持自己的价值观和信念需要巨大的勇气，而这种勇气又不可避免地让你面临更多的压力和挑战。你对美好世界的憧憬，使得对现实的妥协和调整变得格外痛苦和纠结。

在这种情况下，如何保持自己的理想和纯真，如何在现实的挑战中找到自己的位置，成为每一个高敏感人必须面对的问题。

我想对所有高敏感人说，请不要因为现实的残酷，不要因为没有掌声而放弃你心中的梦想。一个理想的人生，不是没有挫折和伤害的，而是在困难面前，依然能够勇敢地继续追梦。

你敏感而美好的心灵，正是这个世界难能可贵的宝藏。你的坚持和勇敢，正是这个时代需要的力量。

打破白日梦的唯一方法，就是在真实世界里去行动。也许有一天，当我们回首，会发现正是那些高敏感的"白日梦战士"们，用梦想和努力，让这个世界变得更美好。

做一个
现代版堂吉诃德，
骑着情怀瘦马闯天下。

——
误入歧途的风险
———

　　高敏感人从出生起，就注定要面对一个充满挑战和困难的世界。这个世界对你来说，就像一个布满荆棘的迷宫，每一步都可能被刺伤。如果缺乏亲人、长辈、朋友的理解和支持，以及自我觉察的能力，高敏感人很容易在这个迷宫中迷失方向，走向风险地带。

　　这些刺，有的向内生长，戳伤你的内心，导致自我攻击和自我伤害；有的向外延伸，转化成社会不稳定风险，影响他人安全和社会和谐。

　　高敏感人属于焦虑和抑郁的易感体质，在你人生的三个关键阶段，更容易"误入歧途"。

第一个阶段是青春期。青春期本就是一段充满变化和挑战的时期，叠加高敏感的特征，问题就更加复杂。

首先，青春期的生理变化本就令人不适和困惑，对高敏感的你而言，这种感受尤为强烈。身体的急剧变化，激素的波动，都会让你感到不安。你对身体的变化更加敏感，可能会对长胖、长痘等正常现象感到沮丧。同时，性意识的觉醒也让你感到不知所措。

其次，青春期是自我意识形成的关键时期。你开始思考"我是谁"这个问题，但往往难以得到令人满意的答案。一方面，你渴望被同龄人接纳，渴望融入集体；另一方面，你又难以认同主流文化和价值观。你对外界的评价和看法非常敏感，可能会与父母产生冲突，在学校里难以融入集体，在结交朋友方面也容易遇到困难。你常感到自己格格不入，无法找到真正的归属感。

再次，高敏感的你在青春期更容易受到负面情绪的影响。情绪波动本是青春期的常态，但对高敏感的你来说，这种波动更加剧烈。你对批评和失败反应强烈，很容易陷入自我怀疑和否定。同时，你对他人的情绪变化也非常敏感。朋友、老师或父母的一句话、一个眼神，都可能让你感到受伤和困扰。

最后，高敏感的你在青春期面临更大的人生抉择压力。升学、就业等一系列人生大事，都需要你做出选择。但由于缺乏自信和安全感，你常举棋不定，害怕做出错误的决定。同时，你也担心无法达到父母和社会的期望，深感自己是个失败者。

综上所述，青春期对高敏感人来说是一段充满挑战和困惑的时期。如果得不到周围人的理解和支持，你很容易迷失方向。在复杂的人际关系和竞争压力下，容易产生自卑、孤独、不安全感，进而出现情绪和行为问题。叛逆心理也可能让你与父母产生冲突，有的高敏感青少年可能会选择辍学，做出伤害自己或危害社会的行为。

家长、老师和社会要以开放、包容的心态对待高
敏感儿童和青少年，给予更多的爱和引导。只有感受
到无条件的爱和支持，高敏感儿童和青少年才能建立
起自信和勇气，绽放自己独特的才华。

第二个阶段是从大学毕业进入社会。 毕业季，是
一段旅程的结束，又是另一段旅程的开始。一个高敏
感人，步入了真实世界的复杂棋局。当你带着一颗热
忱的心踏入社会这片未知的海洋，你很快会发现，这
里的风浪远比预想中要汹涌澎湃。

记得你刚加入那家知名大公司的情景吗？初入职
场的你对一切都充满了好奇和憧憬，内心怀揣着成就
一番事业的梦想。然而，现实很快给了你一记沉重的
打击。你发现，职场人际关系错综复杂，竞争压力极
大。你每天都处于高度紧张和不安的状态中，感觉自
己像是在暗流涌动的水中挣扎。

你是个敏感而善良的人，对同事的情绪变化异常
敏锐，总是愿意倾听他人的烦恼。但这份善良有时成

了他人利用的工具。有些同事把繁重的工作推给你，而你，总是不忍心拒绝。领导布置的任务更是让你焦虑万分，你总是花费大量时间去思考和完善每一个细节，生怕有任何疏漏。

你逐渐发现，学校里学到的理论和职场的实际操作有巨大的差别。很多时候，你不得不违背自己的初心，去适应这个环境。这种违背让你感到深深的痛苦和挣扎。

随着时间的推移，你感到越来越疲惫，自我怀疑的声音也越来越大。加班成了日常，深夜的办公室里，只剩下你敲击键盘的声音和偶尔的叹息声。你看着窗外灯火阑珊，心中却感到空洞。你看到别人都在不断向上攀爬，而自己似乎还在原地踏步，这让你备感挫败。你开始怀疑自己的能力，对未来失去了信心。

在职场上，许多高敏感人都会遇到这样的困惑。你对工作有极高的标准和要求，但在快节奏、高压力的环境中，很容易感到焦虑和力不从心。同时，你的敏感特质让你对复杂的人际关系应对不暇，容易被动和自我怀疑。如果得不到同事和上司的理解和支持，你很可能会迷失方向，陷入职业困境，甚至陷入抑郁，出现一些精神性的问题。

请记住，你不是孤单一人在面对这些挑战。通过寻找合适的策略和支持系统，你可以找到属于自己的立足点，让自己在职场中既能保持敏感的本色，也能展示出独到的能力。

第三个阶段是中年期。你可能已经在社会中打拼多年，取得了一些令人瞩目的成就。然而，就在你为自己的职业生涯庆祝时，一个突如其来的想法闯入你的心头：这真的是我想要的生活吗？你开始对生命进行更深刻的思考，渴望找到自己的价值和人生的真正意义。

但现实并不总是那么令人满意。你可能会在这个阶段经历中年危机，感到人生仿佛走入了一个迷茫的十字路口。对高敏感人来说，这种感觉尤为强烈。你还有可能一直觉得自己在社会中找不到一个合适的位置，感到自己的人生充满了失败和无意义感。感情的波折、家庭的责任、职场的竞争、人情的冷漠、现实与理想的矛盾——这些都是你不得不面对的课题。

当你发现一些令人不悦的社会真相时，你可能会感到无能为力，甚至陷入存在主义的危机。这种危机可能会导致精神上的问题，如抑郁或焦虑。在极端的情况下，一些高敏感的个体可能会因迷失方向而采取自我放纵的行为，甚至做出一些冲动的决定。

在这个生命的转折点上，许多高敏感人都可能感到不被理解及随之而来的孤独感。你需要的不仅是成就，更是对自己的肯定和心灵的慰藉。

如果你处于这样的人生阶段，重要的是要认识到，这不仅是一个危机，也是一个转机。这是重新评估你的价值观、探索新兴趣和可能性的时机。尽管挑战重重，但通过适当的支持和自我反思，你可以找到新的方向，重新点燃对生活的热情，锁定新的目标。

总之，对高度敏感人来说，生活就像是叠加了高倍镜片，让你能够捕捉到世界的精细、微妙，也更容易引发焦虑和困惑。面对外界的不理解和压力时，高敏感人的心灵可能会经历一场无声的风暴。有些人会试图通过一些不健康的方式来寻找片刻的安宁，如沉溺于酒精、药物，或是在虚拟世界中无尽地游荡，只为逃避那些令人窒息的压力。这些逃避行为，在短期内或许能带来暂时的解脱，但其实是一条误入歧途的道路。从长远来看，它们只会加剧个体的孤立感，损害身心健康，进一步削弱面对现实挑战的能力。

对高敏感人来说，你需要学会自我觉察，建立人际支持网络，在陷入焦虑、困惑时及时寻求心理和医疗支持。我们鼓励高敏感人寻求专业的心理咨询，以便更好地了解自己的特质，学会如何在保护自己的同时，有效地面对外界的挑战。

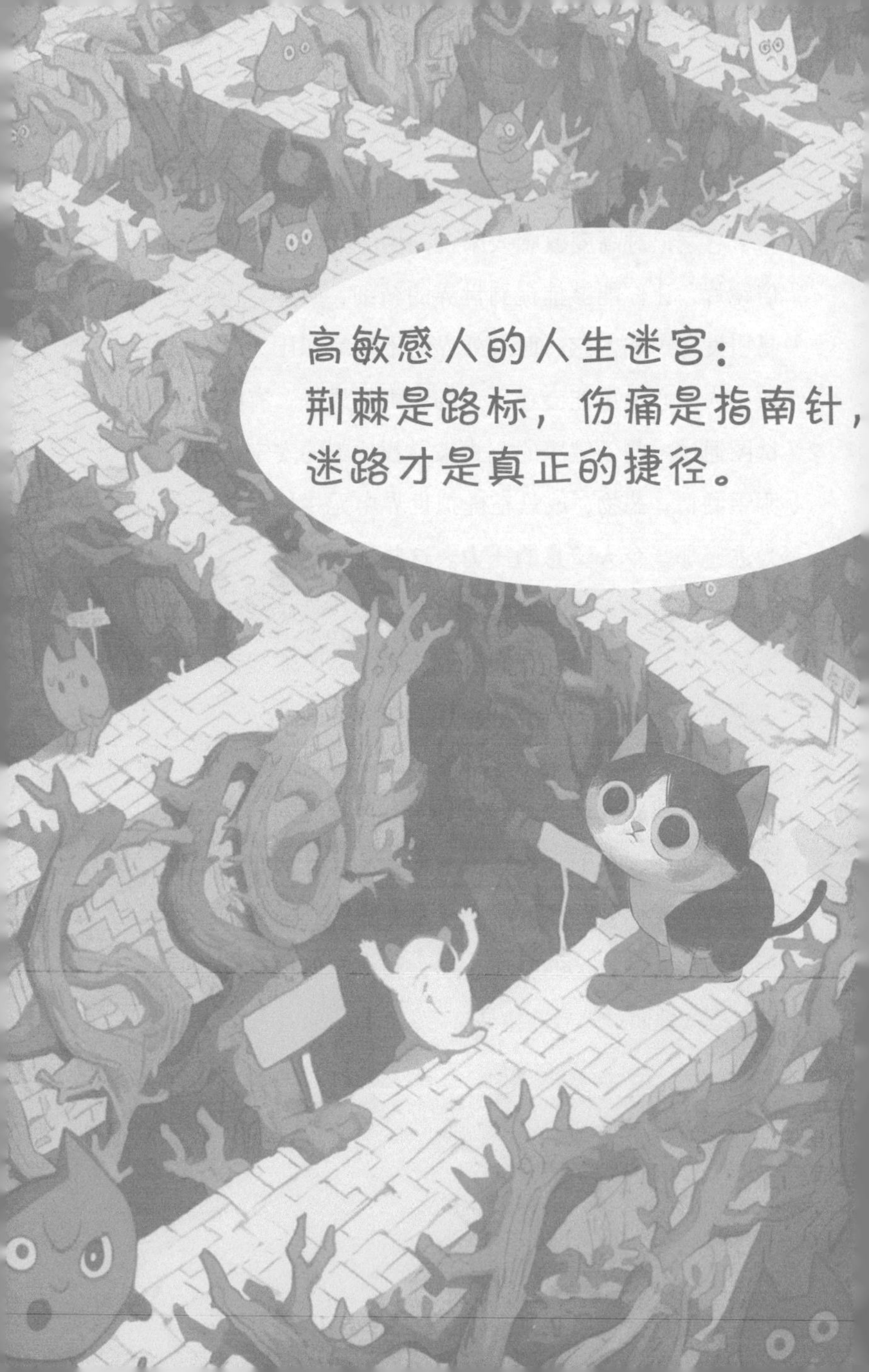
高敏感人的人生迷宫：
荆棘是路标，伤痛是指南针，
迷路才是真正的捷径。

第三章

敏感且聪明的人，如何逆势成长

亲爱的高敏感朋友，我知道你一路走来并不容易。生活对你而言，时而像一片荆棘丛生的荒原，每一步都可能被尖刺刺伤；时而像一段跌宕起伏的山路，每一个转角都可能跌入谷底。你曾经一次次质疑自己，怀疑自己是否有勇气继续前行。

也许在成长的过程中，你曾因为自己的敏感而备受煎熬。周围的人不理解你，甚至嘲笑你的敏感，让你觉得自己像一个异类。但是，请相信我，你的敏感不是一种缺陷，而是一份独特的天赋。正是这份敏感，塑造了独一无二的你。

接下来，让我们一起探索如何在这个嘈杂纷乱的世界中，以高敏感人的独特视角，逆势而上。让我们一起寻找内心的力量，学会与自己的敏感和谐相处，活出真实而精彩的人生。

你准备好开启这段探索之旅了吗？让我们用全新的眼光审视自己，重新认识这个世界。相信自己，你有无限的可能。

你天性敏感，但绝不脆弱

高敏感的朋友，请记住这句话：你天性敏感，但绝不脆弱！

你的高敏感特质就像一只色彩斑斓的热气球，在空中飘浮，对气流的变化感知极为敏锐，但它的结构却坚固而可靠，能够承载你触及云端的梦想。

社会上有一种误解，认为敏感的人内心脆弱，经不起风吹雨打。但如果你也将这种负面标签贴在自己身上，视自己的敏感性为缺陷，那么这不仅是对自身天性的误解，也是对潜能的压制。

　　社会对敏感特质的偏见，往往源于对人性多样性的忽视和对个体内在力量的低估。这种偏见会让人感觉自己的敏感性是一种负担。如果你不断地告诉自己你是脆弱的，那么这种负面的心理暗示可能会驱使你尝试改变自己，以适应那些看似更"常态"的行为模式。你可能开始封闭自己的感受，压抑自己的情绪，试图变得更加钝感甚至麻木不仁，只因为你认为这样可以更好地融入社会。

　　然而，这种自我改变不仅是对自己真实性的背叛，而且实际上是在抹杀你的独特优势。高敏感性带来的深刻洞察力、丰富的情感世界和强烈的同理心，是许多人所不具备的。当你试图压制或改变这些特质时，你可能会发现自己变得越来越平庸，失去了那些使你独一无二的特质。

　　另外，这种对敏感性的误解可能导致你认为自己无法独立生存，需要依赖他人来补偿自认为的不足。这种依赖心理不仅限制了你的个人成长，也可能阻碍你发现和利用自己的内在力量。依赖他人可能会在短期内得到安慰，但从长远来看，它会削弱你应对生活挑战的能力。

　　你的过往经历可能强化了你对自身脆弱的印证，但要相信，过去的那些伤痛是可以被治愈的，成长就是重新养育自己。让我们一起回顾过去，从中汲取力量，强化我们的内心。面对挑战时，回想一下你是如何一次又一次克服困难的。每一个看似无法度过的日子，你都已经成功走过。这些经历，就像一座座里程碑，见证了你的成长和变化。时刻提醒自己，你拥有的内在力量远超你的想象。

　　请你回想一下，当你还是个孩子，第一次骑自行车摔倒时，膝盖擦破皮，流了血。你哭了，觉得好痛，甚至害怕骑车。但你给自己加油打气，再次跨上自行车，一次次地尝试，最终学会了骑行。这段经历虽然平凡，却是你勇敢和坚韧的证明。你没有让恐惧阻止你，而是选择与它对话，最终征服了它。现在的你，也可以用同样的勇气去面对生活中的各种挑战。

在社会中生存和竞争并不是要求我们抹平个性，成为千篇一律的个体。人类多样性不仅体现在肤色、性别或文化的差异上，更深层地，它涉及个体情感反应、思维方式和感知敏锐度的差异。每个人都是独一无二的，带着自己独特的敏感性和感知力，这种多样性应被视为人类社会的一大财富。它允许我们从不同的角度理解世界，解决问题时可以采用多种策略，而这正是创新和进步的源泉。

现在，请想象你是一棵独特的树，你的敏感性，就像树木上独有的年轮。没有人期望一棵柳树必须长成松树的模样，因为它们有各自独特的生长条件和生态功能。同样，社会也不应期望每个人都拥有相同的性格和能力。作为一个敏感的个体，你的成长路径可能比别人更为曲折，但你的年轮中，却记录了更加丰富的细节和细腻的故事。你的敏感性赋予了你更深层次的思考和感受能力，这是你独特的优势。

就像树木需要阳光、水和养分一样，你的敏感特质也需要被充分理解和妥善呵护，而非被无情修剪。心理学中的罗森塔尔效应告诉我们，积极的心理暗示和期望传递，会产生极大的正面效用。将原本被视为劣势的特性转化为优势，可以极大地丰富和活跃你的人生。想象一下，如果你不再把敏感看作一种脆弱的负担，而是将其视为一种具有韧性而细腻的特殊天赋，那么你的人生将会有怎样的转变？

也许，你会发现，你能够比常人更敏感地觉察到他人的情绪波动，成为一个善解人意的倾听者；也许，你能在艺术创作中投入更多的情感，创造出打动人心的作品；也许，你能在工作中提出独到的见解，成为一个优秀的战略家……当你开始接纳并珍视自己的敏感性，将其作为一种独特的天赋时，你就能解锁它的潜力，在生活的各个方面展现出非凡的光彩。

亲爱的高敏感朋友，请相信，你的敏感是一份独特的礼物，拥抱它，欣赏它，让它引领你走向属于自己的精彩人生。它是你与生俱来的"翅膀"，能够带你飞往更高、更远的地方。

你天性敏感，但绝不脆弱！

化"危"为"机"，逆势成长

当生活的风暴席卷而来，你可能会感到世界一片灰暗。那些接连不断的挑战和困难，就像汹涌的巨浪，不断将你拖入深渊。在这些时刻，恐惧和不确定性可能会充斥你的内心，你可能会开始质疑自己的能力，甚至怀疑自己是否有勇气挺过这场风暴。然而，我想告诉你，正是在这些时刻，你与生俱来的深度思考能力将成为你最强大的武器。

逆境中，每个挑战都是转危为机的机会。在中华文化的智慧瑰宝《道德经》中，有这样一句话："祸兮福之所倚，福兮祸之所伏。"这句话蕴含了深刻的哲理，告诉我们危机与机遇往往相伴而生，矛盾的双方可以相互转化。在历史的长河中，每一次危机背后都隐藏着机遇的曙光。对我们个人而言，这一点更是如此。

作为一个高敏感人，你可能觉得自己在面对生活的打击时格外脆弱。但正如哲学家尼采所说："凡杀不死我的，必将使我强大。"每一次你在逆境中坚持下来，无论身体上还是心理上，你都会变得更加坚不可摧。这种坚韧不仅是对自身能力的肯定，也是一种对未来挑战的无畏态度。每一次克服困难，你都在向自己证明，无论面对怎样的挑战，你都有能力和勇气去面对和克服它们。

逆境是认识自我的绝佳机会。作为一个高敏感人，你天生就拥有探索内心世界的好奇心。逆境，尽管充满挑战，却为你提供了绝佳的机会。在逆境中，你可能会发现自己对情绪的敏感度远超常人。你不仅会感受到更多的痛苦，还能更细致地分辨和理解这些情绪的来源和性质。例如，当你经历职场的失败或人际关系的破裂时，你可能会深刻感受到失落和挫败。但在这些痛苦的情绪背后，你开始意识到自己对成就和人际关系的内在需求，以及这些需求如何影响你的行为和决策。

这是一个自我反省和成长的过程。在反复的自我对话中，你开始问自己："我真正的需求是什么？""我如何调整自己的期望，以适应现实的挑战？"这样的问题可能会让你感到不安，甚至是痛苦的，但它们是成长的催化剂。

每一次挑战都在向你提问："你准备好成为更强大的自己了吗？"这不仅是对你能力的考验，更是对你意志的考验。你可能会在某个寂静的夜晚，坐在书桌前，翻阅日记，回顾过去的自己，思考未来的路该如何走。那些曾经让你感到恐惧的事情，如今可能只是心路历程中的一部分。

你的天赋在日常生活中可能被忽视，但在逆境中，它将成为你的宝贵资源。当逆境来袭时，我希望你能像一名敏锐的侦探一样，将每一个问题都视为一个待解的谜团，深入探索问题的本质，寻找背后的根本原因。当面对问题时，你的深度思考能力将大放异彩。其他人可能会停留在问题的表面，而你能够洞悉事物的本质，找到问题的关键所在。尤瓦尔·赫拉利在《人类简史》中提出，认知革命的关键在于想象力的力量。作为一个高敏感人，你拥有非凡的想象力。当逆境来袭时，敞开你的心扉，拥抱这份力量，让它引领你发现生活的无限可能。逆境中的经历，将成为你人生智慧的重要源泉。

逆境中，你将拥有壮士断腕的强大勇气，开辟新的人生道路。正如诗中所说的"山重水复疑无路，柳暗花明又一村"，逆境并非终点，而是新征途的起点。在逆境中，人们能真正释放潜力，超越自我，开创新的可能性。勇敢迎接挑战，勇敢面对逆境，高敏感的你将在逆境中成长为独具魅力和智慧的强者。

在人生的长河中，逆境并非仅仅是障碍，它们更是每一次走向更高境界的垫脚石。斯坦福大学卡罗尔·德韦克教授在其著作《终身成长》中提出了一个极为重要的心理概念——成长型思维。这一概念基于一个核心信念：人的基本能力和品质并非固定不变，而是可以通过持续的努力和学习得到显著的提升和发展。这种思维方式不仅鼓励个体面对挑战，从失败中学习，而且还促使我们持续地超越自我，从而实现个人成长的目标。

对拥有高敏感人格的你来说，拥抱成长型思维尤为重要。你往往对外界刺激更为敏感，可能更容易感到压力或焦虑。然而，如果能够采用成长型思维，你就可以更好地理解和接受自己的这一特质，将其转化为洞察力和同理心的源泉，而不是视之为障碍。

高敏感人应该学会从每一次经历中寻找成长的机会。无论成功的喜悦还是失败的挫折，每一次的经历都伴随宝贵的经验和教训。通过反思和学习，你可以逐渐建立起更强的心理韧性和应对复杂情境的能力。拥抱这种思维意味着将自己的特质转化为力量，不断学习和成长，最终实现自我超越，让生活更加丰富多彩。

　　由于先天的特质，高敏感人在成长的道路上难免会遇到更多的绊脚石。在一些短兵相接的社会竞争中，你可能会一时落后于他人。但如果我们把目光放远一些，将人生视为一场长跑，而非百米冲刺，高敏感人的深度思考、敏锐洞察和强烈共情，在人生的后半程将展现出独特的优势。你不仅认识了一个更坚强、更成熟的自己，也可能会对生活有新的理解。你会发现，每一次的自我探索和挑战，都是自我转变的宝贵机会，让你在复杂的人生旅途中更加从容不迫。你的内心更加坚韧，能够经受住时间的考验，一步一个脚印地走向自己理想的人生。

逆势成长，
是顺势而为的结果。

学会说"不"，建立边界感

作为一个高敏感人，你是否经常感觉自己被外界的期望和要求牵引，而内心真实的声音却慢慢被淹没？你的敏锐感知力让你比常人更加深刻地体验到生活的多样性，这份独特的天赋让你以一种特殊的方式感受世界。然而，这种敏感性也让你更易受到负面情绪和外界压力的影响。高敏感人天生对外界的刺激有更强烈的反应。在这种情况下，学会设定和维护个人边界，对你的身心健康至关重要。学会对某些外界刺激说"不"，是一种自我能量的保护措施，更是一种必备的生存技能。

想象一下，你就职于一家大公司。每天，你都要面对各种各样的任务和要求，同事们总是期待你能够完美地完成每一项工作。你的上司常在下班前一刻把新的任务交给你，希望你能够加班完成。面对这样的情况，你感到身心俱疲，却又不知如何拒绝。你害怕说"不"会让你在同事和上司面前显得不够敬业，或者担心自己的拒绝会影响到团队的工作进度。于是，你选择默默地承受，一次又一次地牺牲自己的时间和精力。渐渐地，你发现自己变得越来越焦虑和抑郁，工作的热情也慢慢消退。你开始怀疑自己是否真的适合这份工作，甚至对自己的能力产生了怀疑。

这样的情景，对许多高敏感人来说或许并不陌生。你之所以难以说"不"，往往源于对他人评价的过度在意和对自我价值的怀疑。你害怕说"不"会让自己显得不够友善、不够乐于助人，或者担心自己的拒绝会伤害到他人的感情。作为一个高敏感人，你对他人的情绪和反应极度敏锐，常下意识地将他人的需求置于自己的需求之上。久而久之，这种模式会让你感到疲

惫不堪，内心也渐渐地失去平衡。但如果你渴望过上
真实且有意义的生活，就必须学会对一些不合理、不
健康的事物说"不"。

建立个人边界并不意味着你要与世隔绝；相反，
它是一种在尊重自己的同时，也向他人提供清晰的相
处指南的健康做法。临床心理学家亨利·克劳德和约
翰·汤森德在《过犹不及：如何建立你的心理界线》
一书中写道："界限并不是根据'对'或'错'设定
的，而是根据你的需要和需求设定的。"设定边界不仅
是一种必要的自我保护方式，更是一种有效的情绪和
精力管理策略，它能显著提升你的生活质量。

我们来通过一个具体的例子深入理解这一点。假
设你是热爱绘画的高敏感人，每个周末，你都会在家
中的小工作室里尽情挥洒创意。对你而言，绘画不仅
是放松心情、表达内心世界的方式，更是与自己进行
深度对话的时刻。然而，你的朋友似乎并不完全理解
你对独处时光的需求。他们经常在周末发出邀请，希
望你加入他们的聚会，或者有时甚至不打招呼就直接

到访。

起初，出于对友谊和礼貌的考虑，你总是难以拒绝他们的邀请。但随着时间的推移，你发现自己越来越难以在绘画中找到满足感，甚至开始质疑自己是否还有继续创作的必要，对朋友们也渐渐产生了一丝怨怼。

在这种情况下，学会说"不"显得尤为重要。你可以选择一个合适的时机，用委婉而坚定的方式向朋友们解释你的需要："亲爱的朋友们，我非常感激你们总是想到我，邀请我参加各种活动。但我想让你们知道，周末的绘画时光对我特别重要，它是我进行自我探索和创作的宝贵机会。这段时间我需要独处，以便更好地与自己对话和放松。我希望你们能理解并支持我的选择。我们可以约在其他时间聚会，那样我也能更好地享受与你们相聚的时光。"

通过这样的表达，你不仅清晰地传达了自己的需求，也表达了对朋友的尊重和珍视。这种沟通方式有

助于维护并加深你们的友谊，同时，它也为你赢得了
更多的时间和空间去追求内心真正渴望的事物。通过
设定和维护这些必要的边界，你将能够更好地平衡个
人需求与社交活动，从而过上更加充实和满意的生活。

　　在社交方面，高敏感人往往对无意义的闲聊或过
于喧闹的派对感到无趣甚至厌倦。如果你是一个高敏
感人，给自己一个"选择不参与"的权利吧。你可以
选择与志同道合的朋友进行更有深度的交流，或者享
受一段宁静的独处时光，这样的选择更符合你的内在
需求。

　　你或许遇到过这样的场景：你的一位好朋友邀请
你参加一个大型的生日派对。当你走进会场，立即被
震耳欲聋的音乐声和强烈的灯光所包围。周围是一群
狂欢的人，空气中弥漫着烟、酒的气息。作为一个高
敏感人，你可能会感到身体和心理上的不适。在这样
的环境中，你发现自己很难与人进行有意义的交流，
反而感到焦虑和疲惫。

这时，选择离开是完全可以理解的。你可以温和而诚恳地对你的朋友说："谢谢你的邀请，我真的很感激你想到了我。但我发现自己在这种喧闹的环境中很难放松，也无法真正享受派对。我觉得我需要一个更安静的环境。今晚我可能会先回家休息，希望你能理解。我们可以找个安静的时间，再好好地聚一聚。"

通过这样的方式，你不仅表达了对朋友的感激之情，也诚实地传达了自己的感受。你没有勉强自己去适应一个不适合自己的环境，而是选择了更符合自己需求的方式。这种自我认知和坦诚，不仅有助于你维护自己的情绪健康，也让你的朋友更加了解和理解真实的你。

在工作中，高敏感人可能会发现自己难以应对紧张的任务期限或过于嘈杂的办公环境。这时，不妨尝试与上司或同事进行沟通，看看是否可以为自己争取一些安静的独处时间，或者调整一下工作方式。你可以这样说："我发现，在安静的环境中，我能够更好地集中注意力，工作效率也会更高。不知道是否可以考虑给我一个相对独立的工作空间，或者允许我每天有一两个小时的独处时间，用来处理一些需要高度专注力的任务？"

通过这样的沟通，你向上司和同事表达了自己的工作需求，也展示了你对工作质量的重视。你没有要求任何特殊待遇，而是在为公司创造价值的同时，也为自己创造了一个更加高效的工作环境。这种主动的沟通和自我管理，不仅能提高你的工作效率，也能让你在职场中拥有更多的自主权和掌控感。

当然，实际状况可能比上述的案例更复杂，也更需要灵活应对。但总体来说，学会说"不"是高敏感人自我成长的重要一课。它不仅能让你拒绝不健康、不合理的事物，更能让你遵从本心，实现自我认知和自我肯定。通过设定和维护个人边界，你能够更好地管理自己的情绪和精力，也能与他人建立更加真实和健康的关系。

亲爱的高敏感朋友，请记住，你的敏感是一份独特的天赋，它让你能够以更加细腻和深刻的方式感知这个世界。学会照顾好自己的情绪需求，勇敢地向不健康的事物说"不"，你就能在这个世界上自由绽放，活出真实而美好的自己。不要为了迎合世界而否定你内心的声音。

你不是一家便利店，
不需要为每个人
提供 24 小时服务。

—

停止内耗，学会爱自己

亲爱的高敏感朋友，你是否曾在夜深人静时，感到内心深处有一个声音在不断地批评和质疑自己？那种无休止的内耗，像一个永不满足的法官，对你的每一个行为、每一句话都进行苛刻的审判。你辗转反侧，难以入睡，内心的平静被这些负面的自我评价所打破。这种现象，在高敏感人群中尤为常见。

作为一个高敏感人，你对周围的环境和他人的情绪有敏锐的洞察力。你能够觉察到言语中的细微差异，感受到他人情绪的微妙变化。这种敏感，赋予了你非凡的同理心和创造力。然而，当这份敏感被过度地运用在自我评判上时，它就会变成一种负担。

你有没有遇到过这样的情况。你刚刚参加了一场社交聚会，在与人交谈时，你察觉到对方眉头轻轻皱了一下。顿时，你的心中升起一丝疑虑："是我说错了什么话吗？我是不是冒犯到他了？"回到家后，你开始反复回想自己当时的表现。我的笑容是不是不够真诚？我是不是穿得不够得体？这些问题在你的脑海中盘旋，像一群不安分的蜜蜂，嗡嗡作响，让你感到焦虑和不安。你可能会花上几个小时甚至几天的时间反复思考这些细节，试图找出自己的"错误"。

这种内耗的根源，往往来自一个深层的信念——我们的价值取决于外界的评价和我们所取得的成就。高敏感人的行为和特质常与主流价值观相悖。你可能会发现，你需要更多的时间来做决定，你在人群中容易感到疲惫，你对细微的情绪变化有敏锐的洞察力……这些特质，在某些情况下可能被视为"软弱"或"不合群"。

你在工作中遇到了一个难题。你的同事们似乎都有自己的主意，他们自信地表达自己的观点，快速地提出解决方案。哪怕他们提出的方案不一定是恰当的，你也依然被他们那种强势的自信所震慑。而你，却需要更多的时间来思考，你想要考虑每一个选择可能带来的影响。在会议室里，你安静地聆听着，在脑海中权衡着每一个方案的利弊。然而，当你还在思考时，他人已经做出了决定。在这样的情况下，你可能会感到自己"不够果断""不够强势"，从而开始怀疑自己的能力。你问自己："为什么我不能像其他人那样？我是不是哪里不对劲？"这样的自我怀疑会让你感到疲惫和沮丧。

亲爱的高敏感朋友，当你再次陷入自我怀疑和内耗的旋涡时，请记住，停止内耗，学会爱自己，是一条通往内心平静的道路。

如何停止这种内耗，学会爱自己呢？

我们需要意识到，我们的价值并不取决于外界的

评价或我们所取得的成就。你的价值，来自你的内在品质；你的同理心，让你能够深刻地理解他人的感受，成为他们情感的避风港；你的创造力，让你能够用独特的视角看待世界，创造出美的事物；你的深刻思考，让你能够洞察事物的本质，找到问题的根源……这些都是高敏感人的独特天赋，是你内在的宝藏。

想象你是一朵盛开在阳光下的向日葵。在一片花丛中，你也许不是最高的，也不是最艳丽的，但你依然可以向着阳光尽情绽放每一片花瓣，你有属于自己的独特的美。你的价值不在于你是否被人们摘下，装点在花瓶中，或者被人们赞美，成为话题的焦点，而在于你本身的存在。你的每一片花瓣，每一片叶子，每一颗蕴藏的果实，都是大自然的馈赠，都值得被爱。

试着每天对自己说一句"我值得被爱"。当这句话第一次出现在你的脑海中时，你可能会感到有些不自在，甚至有些尴尬。但请你相信我，这并不是一种自我欺骗，而是一种对自己真实价值的肯定。心理学家克里斯汀·奈芙提倡一种叫作"自我同情"的实践，即以理解和关怀的态度对待自己，就像对待一位好朋友那样。当你犯错或感到沮丧时，不要对自己过于严苛，而是试着用温柔和鼓励的语言安慰自己。

回想一下，你最好的朋友来到你面前，诉说他的失败和困扰。也许他在工作中遇到了挫折，也许他与伴侣发生了争执，也许他对自己的外表或能力感到自卑……你会怎样对待他？你可能会给他一个温暖的拥抱，倾听他的苦闷，告诉他"没关系，每个人都会犯错""你已经尽力了，这才是最重要的"。你会耐心地与他一起分析问题的原因，寻找解决方法。你会鼓励他，并相信他有能力渡过难关，因为你了解他的优点和长处。现在，试着将这样的理解和关怀，也同样给予自己。当你面对失败或挫折时，对自己说："没关系，这只是暂时的，我有能力找到解决方法""我相信我有能力渡过难关，因为我是一个坚强、有智慧的人，我已经成功应对过很多挑战，这次也一定能行！"

每一次你对自己说"我值得被爱"，每一次你用温柔的语言安慰和鼓励自己，你都在向自我接纳和自我

关爱的道路上迈进了一步。请相信，当你学会欣赏和
爱自己时，你就拥有了面对一切困难和挑战的勇气和
力量。因为你知道，无论发生什么，你都有一个永远
支持和爱你的人，那个人就是你自己。

在学会爱自己的道路上，有被讨厌的勇气。我知
道，这听起来可能有些奇怪，甚至有些不可思议。我
们都渴望被人喜欢与接纳，正如岸见一郎在《被讨厌
的勇气》一书中所提及的："如果可能的话，我们都
想毫不讨人嫌地活着，想要尽力满足自己的认可欲求。
但是，八面玲珑地讨好所有人的生活方式是一种极其
不自由的生活方式，同时也是不可能实现的事情。如
果想要行使自由，那就需要付出代价。而在人际关系
中，自由的代价就是被别人讨厌。"当我们不再将自己
的价值建立在他人的评价之上时，我们就获得了真正
的自由。

想想看，在我们的生活中，不是每个人都喜欢我
们，这很正常。每个人都有自己独特的个性、喜好和
价值观。有些人喜欢安静、沉稳的人，而有些人喜欢

活泼、开朗的人；有些人欣赏抽象艺术，而有些人欣赏写实主义；有些人追求刺激和冒险，而有些人追求平静和安逸……我们不可能迎合每一个人的喜好，也没有必要这样做。重要的是，你要喜欢和接纳真实的自己。

让我们想象一个场景。你在一次联谊活动中，和大家交谈甚欢。但渐渐地，你发现有些人似乎不太喜欢你。也许他们不赞同你的某些观点，觉得你太过理想主义；也许他们不欣赏你的幽默感，觉得你的笑话有些奇怪；也许他们觉得你太过敏感，不够强势……在过去，这样的情况可能会让你感到沮丧，你会想，是不是我应该改变自己，迎合他们的喜好？

但现在，你开始意识到，这并不意味着你有什么问题。要知道，当你展示自己的个性时，必然会同时存在喜欢你的、讨厌你的及态度中立的人。如果将珍贵的注意力过多地投入在讨厌自己的人身上，那么，对喜欢自己的人来说，则是一种怠慢。

你开始对自己说："每个人都有自己的喜好和观点，不是每个人都必须喜欢我。这并不意味着我不好，或是我需要改变自己。我喜欢真实的自己，这才是最重要的。"你开始学会接纳这个事实，并且不再让他人的评价左右你的自我价值。你开始更加自信地表达自己的观点，更加从容地面对他人的不认可。因为你知道，你的价值不是由他人决定的，而是源自你内心的光芒。

让自我接纳和自我关爱成为你前进的动力。给自己安排一段独处的时间，做一些让自己感到放松和快乐的事情。也许是沉浸在一本喜欢的书中，让文字抚慰你的心灵；也许是在大自然中漫步，感受阳光和微风的爱抚；也许是泡一杯新芽绿茶，静静地品味生活的美好……这些自我关爱的时刻，都在向你传递一个信息：你值得被好好对待，你值得拥有美好的生活体验。

你也可以写下对自己的正面肯定，例如"我很感激我的敏感，让我能够深刻地感受生命的美好""我接纳真实的自己，包括我的缺点和不完美""我值得被爱，我也愿意爱自己"……当你一遍遍地对自己说这些话时，你会惊讶地发现，它们开始慢慢地融入你的内心，成为你的一部分。你开始真正地相信，你是一个值得被爱的人。

当那些自我怀疑的声音再次出现时，试着对它们说："我听到了你的担忧，但我选择相信自己。我正在以自己的方式，一步一步地成长和进步。"

渐渐地，你会发现，当你接纳和关爱自己时，生活中的许多压力和不安都会随之减轻。你不再那么在意他人的评价，不再那么害怕失败和挫折，因为你知道，无论发生什么，你都会用充满爱和理解的方式对待自己。你更加相信自己的直觉和选择，更加勇敢地追求自己的梦想。因为你明白，真正的自由和快乐，来自对自己的接纳和爱。

亲爱的高敏感朋友，当你真实地做自己时，你会拥有全新的、敞亮的、自在的人生体验。你会发现，生命中有无限的可能性在等待你。你会遇见志同道合的朋友，挖掘内心深处的潜力，创造属于自己的美好生活。

让我们一起携手，走在这条学会爱自己的道路上。每向前一步，都是一次勇敢的尝试，都是一次宝贵的成长。当我们学会接纳和欣赏真实的自己时，我们就拥有了面对一切困难和挑战的勇气和力量。因为我们知道，无论前方的路有多崎岖，我们都有一个最坚强的支持者和同行者，那就是我们自己。

莫思身外无穷事，
且尽生前有限杯。

情绪复原力，学会疗愈自己

对高敏感人来说，你的心灵如同一片细腻、敏感的海域，即使是微小的情绪波动，也能引起巨大的涟漪。你可能会因为一个眼神、一句话，甚至是一个细微的表情变化而感到情绪的起伏。你可能会因为一位朋友无心的玩笑而感到受伤，或者因为一部电影的悲伤情节而潸然泪下。这种情绪的张力，时常让你感到疲惫不堪，甚至怀疑自己是否有能力应对这个世界。你所需要的，是学会如何疗愈自己，构建情绪复原力。

那么，什么是情绪复原力呢？简而言之，它就是在面对生活中的挑战和压力时，能够有效地恢复和调整自己情绪的能力。这并不意味着你需要对情绪视而不见，或者强迫自己迅速"好转"。情绪复原力不是帮助你避开困难，而是在你面对困难时，有能力通过自己的力量克服它们。

当你面对一次情绪的低谷时，你会感到自己被困在一个深不见底的深渊中，周围的一切都变得暗淡无光。你可能会感到无助甚至绝望，仿佛再也看不到希望的曙光。但是，请相信，这只是暂时的。你的内心有一股强大的力量，那就是你的情绪复原力。

允许自己感到难过并不是软弱的表现，而是一种勇气的展现。每个人都有面对困难时的脆弱时刻，关键在于，你知道自己拥有复原力。允许自己在困难面前感到难过，也为成长和疗愈留下了空间。

它会温柔地提醒你："亲爱的，你比自己想象中要强大得多。你有能力走出这个深渊，重新找到生活的色彩。这需要时间，需要耐心，但你一定可以做到。因为你拥有高敏感人独特的韧性和洞察力，你能够从挫折中学习，从伤痛中成长。"

我有一位高敏感朋友小N，她是一位才华横溢的设计师，她的作品总能捕捉到生活中最细微的美。然而，她的敏感也常让她感到痛苦。记得有一次，她参加了一个设计展，一位评论家对她的作品提出了一些批评意见。尽管那位评论家的语气并不尖锐，但小N却感到非常沮丧。她回到家后，将自己关在房间里。她不断地质疑自己的才华，甚至想要放弃自己的事业。

当我去看望小N时，她正蜷缩在沙发上，眼睛红肿，情绪低落。我轻轻地坐在她身边，问她："小N，你觉得那位评论家的意见有道理吗？"小N想了想，说："其实，他提出的一些建议还是挺中肯的。只是，不知道为什么，我就是感到非常难过。"

我握住小N的手，说："亲爱的，你的敏感是一份独特的天赋。它让你能够创作出如此动人的作品，捕捉到生活中的美。但同时，它也让你更容易受到伤害。这并不是你的错，也不意味着你软弱。"

小 N 抬起头，眼中闪烁着泪光："可是，我该怎么做呢？我感觉自己总是被情绪左右，无法掌控自己的生活。"

我微笑着说："首先，你要允许自己感到难过。当你面对批评或挫折时，不要急于强迫自己'振作起来'，而是接纳自己的情绪。你可以对自己说'我知道这很难，我允许自己感到难过。但我也知道，这只是暂时的，我有能力渡过这个难关'，这是一种对自己的信任和接纳。"

小 N 点点头，似乎有些释然。我接着说："其次，找到适合自己的放松方式非常重要。这可能是冥想、瑜伽、写日记、散步，等等。这些活动可以帮助你平复情绪，与自己对话。当你感到情绪波动时，不妨试着闭上眼睛，将注意力集中在呼吸上。吸气，呼气，感受内心的平静。"

小 N 若有所思地说："我想，我可以试试写日记。把自己的感受写下来，也许能让我感到好一些。"

我鼓励地说："那太好了！记住不要对自己要求太高，慢慢来，一步一步地走。"

小 N 露出了久违的笑容。她说："谢谢你，我感觉好多了。我会试着接纳自己的敏感，学会疗愈自己。"

也许你和小 N 一样，为自己的敏感而感到困扰。但请记住，你的敏感是一份珍贵的礼物。它让你拥有更加丰富的情感体验，更加深刻的洞察力。学会疗愈自己，构建情绪复原力，你就能在这个世界绽放属于你的独特光芒。

有许多疗愈的方法，可以帮助你重建内心的平静，培养更强大的情绪复原力。以下是一些具体的方法，希望能给你一些参考和启发。

冥想

对高敏感人来说，冥想是一种非常有效的疗愈方

式。它能帮助你暂时远离外界的喧嚣，与自己的内心
对话。每天，请试着抽出 10 ~ 15 分钟，为自己创造
一个冥想的小天地。找一个安静、舒适的地方，盘腿
而坐，或是选择任何一个让你感到放松的姿势。轻轻
闭上眼睛，深吸一口气，感受空气流入鼻腔，经过喉
咙，一路来到肺部，然后再缓缓地呼出。专注于你的
呼吸，感受它的节奏，让自己完全沉浸其中。

当你冥想时，杂念难免会不时出现。也许是一
天的待办事项，也许是一段让你烦恼的对话。但请不
要为此责备自己，这是非常自然的。当你意识到自己
走神时，只需将注意力重新带回呼吸即可。随着练习
的深入，你会发现，你的内心变得更加平静，更能接
纳自己的情绪，就像一汪澄澈的湖水，映照出内心的
澄明。

在冥想时，请确保你不会被外界打扰。将手机调
至静音模式，告诉家人或朋友你需要一些独处的时间。
如果可能的话，在冥想前做一些简单的拉伸动作，如
肩颈放松或腰部扭动，帮助身体放松下来，为冥想创

造更好的条件。

大自然疗愈

对高敏感人来说，大自然是最好的治愈师。当你走在公园的小径上或漫步在森林中时，请试着放下心中的烦忧，将注意力完全沉浸在当下的美好中。

感受阳光透过树叶，在你的肌肤上跳跃；微风拂过发梢，带来一丝清凉；鸟鸣在耳边回响，奏出大自然的交响乐。放慢脚步，用心感受每一步与大地的联结，感受脚下的泥土，感受大地的脉搏。深吸一口气，让清新的空气洗涤你的肺叶，让烦恼随着呼吸，一点点地离开身体。

在大自然中漫步时，你可以尝试一些小小的"冒险"。观察路边的花草，欣赏它们的色彩和形态，想象自己是一位植物学家，正在探索这个神奇的植物王国。聆听风吹过树叶的沙沙声，想象它们在向你诉说的故事。探索时，选择一个安全的路线，穿上舒适的鞋子。如果可能的话，邀请一位志同道合的友人同行，分享彼此的感受。

当你结束大自然的沐浴，返回家中时，你会发现，心中多了一份平和与希望。你的内心，正在大自然的抚慰下，一点点地恢复生机与活力。

书写疗愈

当情绪如潮水般涌上心头，高敏感人常感到无所适从。这时，不妨拿起纸和笔，诚实地倾诉内心的感受。不要评判或审视自己的情绪，只需倾听内心的声音，让笔尖随心而动。你可以写下今天发生的事情，描述那些触动你心弦的瞬间，抒发内心的喜怒哀乐。

记住，重要的是真实地表达自己，不要过度担心文字是否优美，语句是否通顺。给自己营造一个安全、舒适的书写环境，或许是家中的书桌，又或许是咖啡馆的一隅。让自己沉浸在文字的世界里，与内心深处的自己对话。

你可能会写下这样的句子："今天，一位朋友无心的话语深深刺痛了我。我知道他并无恶意，但我仍然感到难过。"又或者："阳光透过窗棂，洒在书桌上，我突然意识到，生命中有太多值得感恩的事物。那些曾经困扰我的烦恼，似乎变得不再那么重要了。"

随着文字的流淌，你会发现，那些沉重的情绪逐渐变得轻盈。通过书写，你正在与自己进行一场深入的对话，倾听内心真实的声音。这个过程本身就是一种疗愈。给自己充足的时间，不要急于完成。当你写完时，你可能会惊讶地发现，心中的重担已释然许多。

艺术疗愈

对高敏感人来说，艺术是表达情感的绝佳途径。无论绘画、音乐还是舞蹈，艺术都为我们提供了一个表达情感的舞台。

当你拿起画笔，在画布上挥洒色彩时，你可以尽情释放心中的喜怒哀乐，让笔触随心而动，色彩跟随情感起舞。你可以画出内心的风景，或是运用抽象的笔触表达情绪。

当你随音乐起舞时，身体会自然而然地随节奏摆动。闭上眼睛，感受音符在血液中流淌，让身体诉说那些难以言表的情感。舞蹈，是身体与灵魂的对话，是情感的宣泄与释放。

不要评判自己的作品，允许自己自由地创作，享受艺术带来的快乐。如果你是初学者，可以先从简单的技法入手，如素描、即兴舞蹈等。随着练习的深入，你会发现，艺术不仅是一种表达方式，更是一种与内心对话、疗愈自我的方式。

身心疗愈体验活动或课程

近年来，随着大众对心理健康的日益重视，一些新颖的身心疗愈体验活动或课程应运而生，为高敏感人提供了更多疗愈的可能。

例如，颂钵疗愈利用特定频率的声音振动，帮助人们达到深度放松的状态，缓解压力和焦虑。在颂钵的声音中，你可以感受到身心的共振，仿佛每一个细胞都在声波中得到洗涤与净化。

又如，芳香疗愈利用植物精油，通过嗅觉刺激来调节情绪。当你闻到薰衣草的清香时，身心会自然而然地放松下来；当柑橘的气息环绕时，心情也会随之变得明亮起来。在芳香的世界里，你可以找到属于自己的情绪调节方式。

参加团体疗愈活动或课程时，老师的专业引导和同伴的支持都是宝贵的资源。在团体中，人们分享自己的故事，彼此倾听、共鸣。你会发现，自己并不孤单，还有许多和你一样敏感、柔软的心灵。在这里，你可以卸下防备，做最真实的自己。

当然，在选择疗愈活动时，注意提高辨别力，寻找最适合自己的方式很重要。不同的疗愈方法，对每个人的效果可能都不尽相同。相信你的直觉，选择那些让你感到舒适、有共鸣的方式。

心理咨询

寻求心理咨询并不是一件令人难堪或羞于启齿的事；相反，它是一种自我关爱和自我成长的表现。就像我们生病时会去看医生一样，当我们出现心理问题时，寻求专业的帮助也是自然而然的事情。

作为一个高敏感人，你可能常感到周围的人无法完全理解你内心细微的情绪感受，你自己也很难完全摆脱。有时候，即使是亲密的家人和朋友，也可能在安慰你时不经意间说了一些不恰当的话，反而让你感到更加沮丧和无助。这时，专业的心理咨询师就能发挥重要作用了。

在咨询过程中，你可以在一个安全、私密的空间里畅所欲言，诚实地表达内心的感受，而不必担心被评判或误解。咨询师用专业的咨询技术，帮助你梳理情绪，探索问题的根源。通过这种方式，你可以获得情绪的疏通，同时也能逐步建立起更加积极、理性的认知方式。

除了最常见的会谈咨询，心理咨询领域还存在许多独特的方式，如催眠治疗、箱庭疗法等。这些方法从不同角度切入，帮助你探索潜意识，表达内心世界，获得更深层次的自我认识和心灵成长。

亲爱的高敏感朋友，请记住，你拥有丰富、细腻的内心，这是一种独特而宝贵的天赋。在这个快节奏、充满压力的社会中，学会疗愈自己，构建情绪复原力，是一种对自己负责和关爱的表现。无论遇到什么困难，请相信你内心都拥有复原力。

把眼泪当作情绪健身房的哑铃，
哭完就能举起整个世界。

第四章

敏感且聪明的人的成功指南

　　亲爱的高敏感朋友，当你翻开这一页时，你应该已经意识到自己与众不同的高敏感特质了。这份特质并非一种负担，而是上天赋予你的独特礼物。在这一章中，我们将携手探索如何激活内在的潜力，在生活和职场中获得成功，让高敏感特质成为你最耀眼的光芒。

一旦觉醒，飞速成长

在你尚未了解自己高敏感特质之前，你可能会将大量的精力都耗费在与他人比较的自我怀疑中，仿佛被一种无形的能量诅咒所压制。你反复地责问自己："为什么我总是格格不入？为什么我对周围的一切如此敏感？为什么我无法像其他人那样轻松地融入群体？"这些问题如同一个个谜团，困扰着你。

请别再责怪自己了。事实上，你与生俱来的敏感天性，正是通往自我觉醒与成长的钥匙。一旦你接纳自己的高敏感特质，不再努力让自己变得与他人一样，内心反而会变得更加强大和自信。你开始意识到，高敏感特质并不是一种缺陷，而是一种独特的天赋。你拥有比常人更加细腻的感知力，能够捕捉到生活中的点点滴滴，发现他人难以察觉的美好。你的内心世界丰富多彩，充满了无限的创造力和想象力。

意识到自己的高敏感特质，就如同在人生迷宫中拿到了一张"成功地图"，你可以学会采取趋利避害、扬长避短的策略。设想一个从小就了解自己高敏感特质的人，并懂得利用这一特质来选择职业方向，他的人生将会如何走向成功？

他将根据自己独特的敏感需求来安排生活，懂得倾听内心的声音，顺应自己的节奏，不再盲目跟随他人的脚步。

他将开始享受独处的时光，在安静中与自己对话，探索内心深处的真实渴望。在快节奏和高压力的大环境中，也能寻得一方属于自己的小天地，开心地生活。

他可能会选择从事创意、艺术、教育、咨询等能够发挥高敏感优势的领域，在这些领域中如鱼得水，实现自我价值的同时，也为社会带来更多的美好。

加速成长第一步：自我觉醒

高敏感人对内在情感的感知力远超常人。这份独特的、敏锐的洞察力，如同一面明亮的镜子，映照出你内心深处真实的渴望与需求。当你静下心来倾听自己的声音，便能逐渐看清生命的意义，找到前行的方向。

拥有丰富内心世界的高敏感人，往往不甘于按部就班的人生。与其责怪自己为何无法循规蹈矩，勉强自己去适应他人的期望，不如顺应内心的声音，以更有创造力的方式生活。

美国作家詹姆斯·卡斯在《有限与无限的游戏》一书中指出，人生有两种游戏模式。第一种是"有限人生游戏",玩家们拼命追逐社会规则设定的目标:金钱、地位、名誉……他们害怕失败,害怕与众不同,终日活在焦虑和压力之中。然而,这场游戏注定没有赢家,因为欲望是一个无底洞,永远填不满。

与之相对的,第二种是"无限人生游戏"。在这里,玩家们不再被外界的评判所束缚,而是专注于提升自我,追求内心的平静与喜悦。他们明白,生命的意义不在于到达终点,而在于一路上的体验与成长。挫折和失败不再可怕,反而成了蜕变的助推器。

高敏感人天生就适合成为"无限人生游戏"的玩家。敏感的天性赋予了你非凡的洞察力和想象力,让你能够发现他人忽略的美好细节,创造出独特的人生路径。当你不再把敏感视为负担,而是将其转化为成长的养分时,你就能以无限游戏的心态去体验生命的酸甜苦辣。在生命的每个阶段收获智慧,不断扩大自己的人生边界。

加速成长第二步：探索"最佳领域"

所谓"最佳领域"，就是你热爱的、擅长的及社会需要的这三个重叠的区域。它们就像一个神奇的三角形，当你找到其中的平衡点时，就能在追求梦想的道路上越走越远。

那么，如何寻找自己的最佳领域呢？不妨拿出一张纸，画出一幅韦恩图。先画出三个大圆圈，分别代表"热爱""擅长"和"社会需要"，然后在每个圆圈

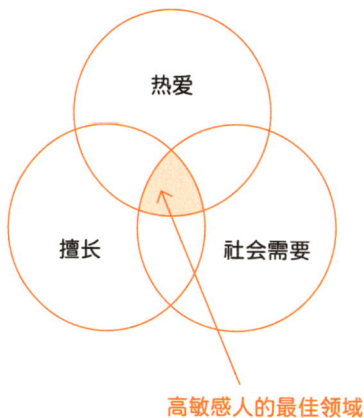

高敏感人的最佳领域

里写下相应的内容。接着，仔细观察这三个圆圈的交叉区域，那里就是你的最佳领域所在。让我们一起来探索这三个领域吧。

1. "热爱" 圈

寻找人生方向，就是一个寻找内心与外界和谐共鸣的过程。问问自己，什么样的目标能让你感到由衷的兴奋和满足？是创作一部打动人心的作品、完成一项开创性的研究，还是帮助他人实现梦想？回想一下，在闲暇时光里，你最喜欢做什么？有哪些事情是你全神贯注、废寝忘食却毫不觉得疲惫的？

也许你会沉浸在音乐的世界里，用手中的乐器演奏出内心的澎湃情感；也许你会用文字记录生活的点点滴滴，用诗意的语言表达对世界的深刻感悟；也许你会与天真烂漫的孩子们相伴，用耐心和爱心引导他们探索未知的世界……无论是什么，请相信，那就是你内心深处最真实的渴望。

2. "擅长"圈

请将你已经被证明的能力和潜在可开发的才能一一列出。有什么事情是你轻而易举就能做好的？也许你拥有敏锐的洞察力，能够轻松看透他人的内心世界；也许你拥有出色的语言表达能力，能够用简洁有力的话语打动人心；也许你拥有极强的同理心，能够站在他人的角度思考问题，给予他人温暖和支持……

请相信，这些都是你与生俱来的珍贵天赋，是你在人生舞台上闪耀夺目的资本。在进行人生规划时，一定要善于择己所长，发挥自己的优势特质，而不是盲目跟随他人的脚步。只有走出一条属于自己的独特道路，才能收获丰硕的果实。

3. "社会需要"圈

作为一个高敏感人，你要避免不切实际的空想，学会聆听社会需求，这样才能获得更多的积极反馈，减少现实的负面打击。这就需要我们多关注国家政策趋势，留意新闻报道中对某些行业的扶持和重视程度；也要密切关注市场动向，浏览招聘网站发布的行业报告，关注职场前辈从业情况，了解市场需求。

　　例如，随着人们生活水平的提高，大众对心理健康的重视程度也在不断提升，心理疗愈与咨询行业正迎来蓬勃发展的春天；在 AI 时代，拥有创造力、想象力并懂技术的复合型人才将备受青睐。只要你用心观察，就一定能找到一个既能发挥自己长处，又能满足社会需求的领域。

　　当你将这三个圆圈划分出一个大致的区间后，再根据自己的客观条件，尤其是经济基础，来确定各方面的权重。有些职业报酬丰厚却可能并非你热爱的，有些职业你热爱却不一定高收入，这都很正常。生活的智慧，就在于找到一个微妙的平衡点。

　　探索最佳领域是一个循序渐进的过程，需要我们不断尝试、修正和调整。站在"无限人生游戏"的视角下，每一种选择都没有对错之分。关键是要结合自身的实际情况，在追求梦想的同时，也要考虑现实的需求。只有在物质和精神的天平上找到一个合适的支点，才能在人生的道路上走得更稳、更远。

加速成长第三步：制定"最佳可行方案"

根据心理学家罗伯特·斯滕伯格的"成功智力理论"，真正的成功不仅需要分析性智力，还需要创造性智力和实践性智力的配合。换言之，我们不仅要制定完美的理论方案，更要考虑方案的可行性和可操作性。

那么，如何制定一个"最佳可行方案"呢？不妨借鉴精益创业理念中"最小可行产品"（Minimum Viable Product，MVP）的概念。MVP 是指以最小的投入，最快地制作出一个产品原型，用于测试市场反响。这一理念启示我们，与其耗费大量时间和精力去设计一个完美的方案，不如先着手解决一个更小、更具体、更容易处理的问题。

例如，如果你的目标是成为一名作家，与其一开始就想着写出一部伟大的长篇小说，不如先从写一篇短篇故事入手。你可以给自己设定一个期限，如1周内完成2000字的短篇故事，记录你生活中发生的一件趣事。这个"最小可行方案"虽然看似简单，但它却是迈向梦想的关键一步。通过不断练习和积累，你终将拥有创作长篇巨著的能力。

加速成长第四步：不断迭代

正如《终身成长》中所指出的："成功的关键在于拥有一种'成长型思维模式'。"拥有成长型思维模式的人，会将失败视为学习和进步的机会，而不是对自己能力的否定。

在这一步中，你要学会拥抱变化，勇于走出舒适区。没有所谓"最好"的选择，当下的选择就是最好的选择。你要学会自定义自己的人生，不断探索新的可能性，收集反馈，并根据反馈持续优化自己的方案。即便遭遇挫折和失败，也要像玩儿一场精彩的游戏一样，去体验其中的乐趣和成长。

通过不断迭代和优化，你一定能找到一条属于自己的成长之路。这条路也许并非一帆风顺，但正是那些曲折和坎坷，铸就了你独特的人生历程。你要学会用发现者的眼光去看待世界，用创造者的双手去塑造人生。在这个过程中，你不仅会收获外在的成功，更会收获内心的平静和喜悦。因为你知道，每一次选择，每一次行动，都是在向着更好的自己前进。

在日新月异的时代环境里，你敏锐的洞察力和独特的思维方式，往往让你能够看到别人无法看到的可能性，创造出开创性的成果。也许，你正在从事一份无法用已有职业定义的工作。人们用疑惑的眼光打量你，质疑你的选择。但请不要因此而怀疑自己。记住，所有伟大的创新，都源于那些敢于挑战常规、跳出框架的人。

所以，请坚定地相信自己内心的声音。如果你觉得自己正在做的事情是有意义的，那就勇敢地去做吧！不要让他人的眼光动摇你的决心。你要知道，生命的意义和价值，从来都不是由他人来定义的，而是由你自己去探索和发现的。

充分接纳自己，以开放的心态拥抱外部世界，去探索生命的意义和价值所在，你终会体会到源源不断的快乐。正如心理学家米哈里·契克森米哈赖在《心流》一书中所说："当一个人全身心地投入一项有挑战性的工作中时，他就处于一种'心流'状态。"在这种状态下，人会忘记时间的存在，忘记自我，只感受到纯粹的快乐和满足。

亲爱的高敏感朋友，希望这一章的内容能为你通往成功的旅途提供一些思路和方法。请相信，你的高敏感特质是一份独特的天赋，只要悉心呵护、充分利用，它必将在你的生命中绽放出最耀眼的光芒。请你大胆地去探索、去成长、去绽放，活出最精彩的自己！

觉醒模式注入血脉，
人生火力就会全开。

高敏感人的职场选择

　　亲爱的高敏感朋友，我能理解你在面临职业选择时的纠结与困惑。在这个充满挑战和机遇的时代，许多人都倾向于选择那些热门的高薪行业，如房地产、金融、互联网、电商等传统热门行业，以及新能源、AI、康复医疗等朝阳行业。作为一个高敏感人，你可能需要更全面地考虑，这些选择是否真的适合自己。

　　让我们先来看看房地产、金融、互联网、电商等传统高薪行业。这些行业的特点是高风险、高回报，需要很强的抗压能力和人际交往能力。作为一个高敏感人，你可能会发现自己在这些行业中感到不适应。

频繁的社交活动和高强度的工作节奏可能会让你感到疲惫和不堪重负。你敏锐的洞察力和丰富的内心世界，在这些以结果为导向的行业中，可能无法得到充分的发挥。

然而，你的高敏感特质也可能成为你在这些行业中的独特优势。以房地产为例，你细腻的观察力和高度的同理心，能让你更好地理解客户的需求，提供更贴心的服务。你出色的创造力和想象力，也能帮助你在房地产设计和营销中脱颖而出。关键是要找到一个能够发挥你优势，同时也尊重你个性的团队和环境。

接下来，让我们看看新能源、AI、康复医疗等朝阳行业。这些行业的特点是前景广阔、技术含量高、发展迅速。对高敏感人来说，这些行业的挑战主要在于应对变化和学习压力。频繁的技术更新和行业变革，可能会让你感到不安和焦虑。高强度的学习和研发工作，也可能会让你感到疲惫和不知所措。

但同时，你的高敏感特质也可能成为你立足这些

行业的宝贵财富。你敏锐的洞察力和学习能力，能帮
助你快速地掌握新技术，把握行业动向。你细腻的情
感和高度的同理心，也能让你在产品设计和用户体验
方面独具慧眼，特别是在康复医疗等需要人文关怀的
领域。关键是要学会管理自己的压力和情绪，建立起
一套适合自己的工作方式和生活方式。

职业选择从来都不是一件简单的事，对高敏感人
来说更是如此。你需要综合考虑自己的兴趣、特长、
价值观和生活方式，找到一个能够让你发挥所长、实
现自我价值的职业。不要盲目跟随主流，也不要轻易
否定自己的独特性。无论你选择什么样的职业，都要
学会善待自己，建立起适合自己的工作节奏和方式，
学会倾听内心的声音。

小李是一位高敏感的年轻人，刚从大学毕业。看
到同学们纷纷进入高薪行业，他也动摇过，但总觉得
那些环境不太适合自己。他回想起大学时的一次经历。
他在金融行业实习，每天面对喧嚣的交易大厅和不断
闪烁的计算机屏幕，他感到非常疲惫和不适，整个人

都处于高度紧张的状态。相比之下，他在学校图书馆和咖啡馆打工时，虽然收入不高，但内心却感到平和、安宁。他意识到，对他而言，工作环境比薪酬更重要，他需要一个能让他安心工作、发挥所长的环境。

那么，哪些职业更适合高敏感人呢？一般来说，社会工作类、咨询类、艺术创作类、文化出版类，以及环境简单、刺激性小的工作都是不错的选择。例如，教育工作者、心理咨询师、社会工作者、作家、编辑、设计师等。这些职业能够发挥高敏感人的优势，如敏锐的洞察力、丰富的内心世界、创造力等。

小梦是一名高敏感的心理咨询师。她总能敏锐地觉察到来访者的情绪变化，即使对方没有明说，她也能通过细微的表情和身体语言感受到对方的内心世界。她常被来访者的故事触动，对他们的喜怒哀乐感同身受。正是这种高度的共情能力，让她成了一名出色的心理咨询师。来访者常对她说："张老师，您太理解我了，跟您聊天我感到前所未有的放松和宽慰。"

小青是一位高敏感的珠宝设计师，她拥有敏锐的审美感知力和丰富的想象力。每当进行一项新的设计任务，她的脑海中就会浮现出无数的创意和灵感。她喜欢在设计中融入自己的情感和思想，色彩和线条的选择都饱含深意。用户常惊叹于她的设计，而她总是腼腆地笑笑说："因为我将自己的心融入了设计，希望能为大家带去一些美好的感受。"

此外，很多高敏感人会选择自由职业，如自媒体写作、设计、咨询与培训等。这样可以更好地掌控自己的工作节奏和环境，减少不必要的刺激和压力。

小许是一名高敏感的自由撰稿人，她在家中有一间安静的小书房，每天在这里写作。她喜欢按自己的节奏工作，不用应付办公室的喧嚣和人际交往，可以全身心地投入创作。她的文章总能引起读者的共鸣，她总说："因为我将自己的心境融入文字，我相信这些文字也能触碰到读者的心弦。"

需要注意的是，即使在同一行业，不同公司的风格也可能大不相同。高敏感人在选择工作时，要特别留意公司的环境是否友好，领导的风格如何，同事之间的相处氛围怎么样，是否有相对独立的办公空间等。

小美是一位高敏感的平面设计师，她曾在一家大型广告公司工作，但开放式的办公环境和喧闹的氛围让她感到非常不适。每天，她都要面对嘈杂的人说话声、此起彼伏的电话铃声和不间断的闲聊，这些刺激让她难以集中注意力，工作效率大大降低。而且，领导和同事似乎都不太理解她的敏感特质，常让她参与一些她不擅长或不感兴趣的项目。渐渐地，她感到越来越疲惫和压抑，甚至开始怀疑自己的能力。

后来，她换到了一家小型设计工作室，在这里有独立的工位，环境安静，领导和同事都很友善。领导很欣赏她的创意和敏锐的洞察力，常给她布置一些有挑战性但不会让她备感压力的任务。同事们也很尊重她的感受，不会给她太多无谓的打扰。在这里，小美重新找到了工作的乐趣和自信，她的创造力得到了充分的释放，工作效率和满意度都大大提高。

如果当下的工作实在不适合自己，不妨利用业余时间创作、积累经验和资源，为未来转型做准备。

小陈是一名工作数年的知名互联网企业的程序员，每天和代码打交道，他常感到疲惫和枯燥。但他又不能立即辞职，因为还有房贷和家庭责任。于是，他利用业余时间，付费学习有关互联网内容营销的知识，研究自媒体流量，并尝试写一些自媒体文章。经过一段时间的探索，他做出了数篇爆款内容，吸引到许多新的付费咨询与商业合作机会。他开始进行资源整合，为自主创业做准备。

当然，在现实中很难找到十全十美的工作，选择的空间可能会受限。高敏感人要避免过于理想化，要脚踏实地，发挥自己的优势，只要能找到适合自己的位置，哪怕暂时不够完美，也是一个好的开始。

小明是一名高敏感的应届毕业生，他梦想进入一家创意设计公司工作。在当前的就业形势下，他收到了几份入职通知书，但都不太理想，有的工作环境嘈杂，有的加班严重，有的则与他的兴趣不匹配。起初，他感到很沮丧，觉得自己的理想遥不可及。但后来，他转变了心态，决定先选择一份相对适合自己的工作，哪怕不是最完美的。他对自己说："工作只是人生的一部分，我要学会在有限的条件下创造最大的可能性。同时，我也要继续提升自己的能力，为更好的机会做准备。"

亲爱的高敏感朋友，请记住，你的敏感是一种独特的天赋，不要让现实磨灭了你的梦想和热情。在职场的道路上，你可能会遇到一些挫折和困惑，但不要气馁，因为这些都是成长的必经之路。要学会倾听自己内心的声音，勇敢地做出选择和改变。同时，也要学会接纳现实的不完美，在有限的条件下发挥自己的最大潜能。

那么，高敏感人如何在职场中找到适合自己的位置呢？以下是一些建议。

1. 自我探索

花时间深入了解自己，梳理自己的兴趣、价值观和优势，思考什么样的工作环境能让自己感到舒适。可以通过自我反思、性格测试、职业生涯规划等方式来加深自我认识。

2. 信息收集

主动了解自己感兴趣的领域和职业，看看哪些行业和职位比较适合高敏感人。可以查阅相关图书、报告，关注相关微信公众号和博主。

3. 实践体验

如果条件允许，可以尝试一些实习或志愿者工作，亲身体验不同职业和工作环境，看看自己的实际感受如何；也可以参加一些行业交流会、论坛等，与业内人士交流，了解更多真实信息。

4. 寻求指导

求助于职场导师或职业顾问，特别是那些了解高敏感特质的专业人士，听取他们的建议和指导。

5. 建立支持网络

主动与其他高敏感人建立联结，加入一些高敏感人社群，与他们分享职场经验，互相支持和鼓励。大家可以一起探讨适合高敏感人的职业选择和应对策略，共同成长。

亲爱的高敏感朋友，请相信，你的敏感是你与生俱来的宝贵财富。在职场这个大舞台上，不要刻意隐藏或压抑自己的敏感，而是要学会拥抱它、善用它，让它成为你的最大优势。用心去寻找那个能让你的敏感之光闪耀的舞台，以包容和欣赏的心态对待自己，以开放和好奇的态度对待世界。

对高敏感特质的人来说，人生或许更像是旷野而

不是轨道，高敏感人就像在旷野上奔跑的孩子，带着
无穷的好奇心和探索欲，去尝试整合、跨界、开创。
在追寻梦想的路上，活出精彩而有意义的人生。

别让职场喧嚣淹没你的高敏感，让高敏感成为你的金字招牌。

高敏感人的情感修炼

亲爱的高敏感朋友，你是一位情感的魔法师。你对情绪的敏感和共情力，是与生俱来的独特礼物。不要试图压抑或钝化自己的感受，那只会让你失去最宝贵的自我；相反，要学会拥抱并善用这份敏感。

不要低估情感在成事过程中的推动力。很多时候，人们并不是基于理性做决策，而是基于情感。如果没有强烈的情感反应激励，人们很难深入处理事物。当你对一个项目充满热情时，你会不遗余力地投入其中，即使遇到困难也不会轻易放弃。正是这种发自内心的情感投入，让你在工作和生活中取得了不凡的成就。

举个例子，假设你是一名设计师，正在为一位重要的客户设计新产品。这个项目对公司而言意义重大，你对此也充满热情。然而，在设计过程中，你遇到了一个棘手的难题，怎么也找不到解决方案。一天天过去，截止日期越来越近，压力也越来越大。

如果你是一个对工作缺乏情感投入的人，面对这种困难，你可能很快就会选择放弃，或者敷衍了事，提交一个不尽如人意的方案。但是，作为一个高敏感人，你对这个项目有强烈的情感联结。你深深地热爱设计，渴望创造出优秀的作品；你真诚地在乎客户的需求，希望给他们最好的服务。这种发自内心的情感投入，会激励你不断尝试，不断突破自我，直到找到最佳方案。

经过持续的努力，灵感终于降临了。你设计出了一个美妙的方案，不仅解决了难题，还超出了客户的期望。当你将成果呈现给客户时，他被深深地打动了。他赞叹你的创意和专业，并承诺将与你所就职的公司保持长期合作。

正是因为你对设计的热爱和对客户的用心，才激发出如此强大的动力，帮助你克服困难，取得不凡的成就。这种发自内心的投入，是高敏感人在事业上取得成功的秘诀之一。

在人际交往中，你的情感优势更是一种魔法。你能感受到别人的情绪，理解他们未言之痛。这份同理心和深刻的理解力，是你与生俱来的天赋。著名的人际关系专家戴尔·卡耐基在《人性的弱点》里曾说："你在两个月内通过对别人感兴趣交到的朋友比在两年内试图让别人对你感兴趣交到的朋友多。"什么是共情力？就是你从对方内心的参照体系出发，设身处地地体验和理解对方的内心世界，倾听、回应、正向鼓励、陪伴。每个人都是真实的个体，都会害怕、紧张，都需要他人的理解。当你真诚地关注他人的感受，给予他们情绪上的支持时，你就已经赢得了他们的信任和好感。

科学家们发现，人类和其他灵长类动物的大脑中，都存在一种特殊的神经元，叫作"镜像神经元"。这些神经元就像一面镜子，能够反映他人的行为和情绪。当我们看到别人做某个动作或表情时，我们大脑中相应的镜像神经元也会被激活，仿佛我们自己也在做同样的事情。这种神经机制让我们能够感同身受，成为共情力的基础。

在职场中，你的情感优势可以帮助你更好地与他人合作。与领导沟通时，你能敏锐地捕捉到他们的情绪变化，及时给予回应和支持，让领导感受到被理解和尊重；与同事相处时，你能站在他们的角度思考问题，体谅他们的不易，营造出融洽的团队氛围；面对客户时，你能快速洞察他们的需求和痛点，给予贴心的服务，赢得他们的信赖；对待下属时，你能感受到他们的焦虑和困惑，给予适时的鼓励和指导，帮助他们成长。你与生俱来的情感力，正是激励他人的秘诀。

假设你是一名销售经理，正在与一位重要客户洽谈一个项目。谈判进行到关键时刻，你敏锐地察觉到客户的犹豫和顾虑。他们似乎对产品的某个细节还有疑虑，你主动问道："我能感受到您对这个问题还有些顾虑，您介意跟我详细说说吗？我很乐意为您解答。"
客户惊讶于你的敏锐观察。你耐心地倾听，并就他们
的疑虑一一给出了专业的解释和保证。

最终，凭借你出色的沟通和同理心，客户的疑虑
被完全打消，这个项目顺利进行。领导对你的工作能
力赞不绝口，同事们也对你刮目相看。你的情感智慧，
成了你职场成功的关键。

在生活中，你的情感优势更是经营好关系的法宝。
与伴侣相处时，你能敏锐地察觉到对方的情绪变化，
及时给予安慰和支持，让对方感受到被爱和被珍惜；
与朋友相处时，你能发自内心地分享他们的喜怒哀乐，
给予真诚的建议和帮助，让友谊更加坚固；与家人相
处时，你能照顾他们的感受，包容他们的缺点，用爱
化解矛盾，让家庭更加温馨。

记得有一次，你的爱人在工作上遇到了挫折，回
到家后情绪非常低落。你立刻感受到了对方的消极情
绪，主动上前拥抱对方，轻声说："亲爱的，我能感受

到你现在很难过。你愿意跟我聊聊发生了什么吗？不管发生什么，我都会永远支持你。"

你的爱人紧绷的情绪一下子散开，忍不住把委屈和不甘都宣泄了出来。你没有说太多话，只是紧紧地抱着他，让他感受到你坚定的爱和支持。渐渐地，你的爱人平静了下来，抬起头对你说："谢谢你总是那么懂我，有你在我身边，我感到无比幸运。"

这就是你的情感力量，它让你成为爱人最坚强的后盾，让你们的感情更加深厚和牢固。

亲爱的高敏感朋友，不要怀疑或否定自己的情感天赋。你的敏感和情感力，是这个世界不可或缺的财富。学会拥抱并善用它，你将在工作和生活中创造奇迹。

你是一个情感魔法师，
拥有打开心扉的万能钥匙。

表达力与影响力打造

你是否感到自己总是在人群中沉默，很少有勇气公开表达？你是否曾经感到内心有许多想法和感受，却难以用言语表达出来？你是否曾经羡慕那些能够自信、流畅地表达自己意见的人？

作为一个高敏感人，我深深理解这种感受。但是，我想告诉你，表达力不仅是一种天赋，更是一种可以通过练习和培养而获得的能力。你完全有能力打破内心的桎梏，勇敢地表达自己。

我曾经也和你一样，害怕被他人误解或疏远。但当我鼓起勇气，开始分享自己的故事、感受和思考时，惊喜地发现这个世界上还有许多和我一样的高敏感人。我们相互理解，相互支持，人际交往反而变得更加轻松和有趣。渐渐地，我也建立起了自己的影响力，获得了更多的认可和机会。

公共舆论中，当少数派不敢开口说话时，就会出现"沉默的螺旋"现象，少数派的声音越来越小，甚至消失。但当越来越多的高敏感人勇敢地站出来，承认自己的特质，自信、大方地进行自我表达时，就能鼓舞更多的同类打破沉默，也能带给这个世界不一样的思维火花。

那么，什么是真正的表达力呢？在我看来，表达力不是华丽的辞藻或咄咄逼人的态度，而是发自内心的真诚，是与他人建立深度联结的桥梁。记得有一次，我参加了一位作者的新书分享会。她的分享并没有什么惊天动地的言辞，但却字字诚挚，句句动人。她对自己的成长历程娓娓道来，分享了许多真实而细腻的情感体验。台下的听众都被她的故事所打动，现场不时响起会心的笑声和感动的抽泣声。那一刻，我真切地感受到，表达力是一种能量的传递和共振，它能触及人心最柔软的地方，带来疗愈和启迪。

你可能会问，表达力真的那么重要吗？是的，因为表达的背后是影响力，是我们实现自我价值和人生追求的途径，是获得爱与回报的钥匙。这个时代有一种红利，就是表达力红利。当你能够清晰、自信地表达自己的想法时，你就能在职场上脱颖而出，赢得更多的机会；当你讲述的故事能够打动人心时，你就能吸引更多的关注和支持；当你能够用语言文字传递智慧和力量时，你就能影响和改变更多人的生活。

想象一下，当你在会议上侃侃而谈，当你在舞台上分享自己的故事，当你的文字感动了千千万万个读者，那种自信和成就感是无法替代的。对高敏感人而言，表达也是一个自我探索和疗愈的过程。我们敏锐的洞察力和丰富的内心世界，往往需要通过表达来梳理和呈现。每一次倾诉，都是一次与自己对话的机会；每一次分享，都是一次自我认知的深化。只有先成为最真实的自己，我们的表达力才能生根发芽，绽放出最美的花朵。

所以，亲爱的高敏感朋友，请勇敢地表达自己吧。不要担心自己的发音不够标准、声音不够动听、语言不够幽默，卸下完美主义的包袱，相信行动力就是最好的表达力。

那么，如何发掘内在的声音，提升表达力呢？首先，请相信你的敏感特质赋予了你对这个世界的细腻洞察和深刻理解，这正是表达力和影响力的源泉。当你接纳自己的敏感，就如同拥抱一位智慧的老友，它会引导你走向内心，发现真正的自己。

写作是一个很好的开始。试着以写日记开始，把内心的感受和思考倾泻于纸上。不要担心文字是否优美，也不要评判或审视自己的想法，只管放手去写。你会惊喜地发现，写作如同一面明镜，可以映照出内心的风景。它能帮助你梳理纷乱的思绪，让你的心灵变得更平静。每当你翻开日记本，重温那些真挚的文字时，你都会感受到自己的成长和蜕变。

如果你渴望在工作或社交场合中提升表达力，不妨尝试参加一些商业口才演讲或人际沟通谈判技巧的课程。通过系统地学习和实践，你会掌握一些实用的技巧，例如，如何进行自我介绍、如何让表达更有条理、如何控制临场紧张等。当你站在聚光灯下，面对台下的观众，你的心跳可能会加速，手心可能会冒汗。但是，请相信自己，你一定能够克服这些不适，因为你的内心有一个强大的声音，正呼唤着要被倾听。随着一次次的练习，你会发现自己越来越自信，能够清晰、有力地表达自己的观点。当掌声响起的那一刻，你会为自己的勇气和进步感到无比自豪。

社交媒体是另一个自我表达的绝佳平台。对一部分内向、敏感的人来说，线上表达可能比面对面交流更加舒适和自在。你可以选择一个自己喜欢的渠道，如微信公众号、知乎、小红书等，定期分享自己的见解和创作。你也可以尝试在抖音、视频号、B站等视频平台上出镜，用镜头记录生活的点点滴滴，表达内心的真实想法。不要害怕展现独特的自己，因为这个世界需要多元的声音。你的真诚和创意，也许会触动他人的心弦，引发共鸣和思考。

每个人的生命历程都是一部独特的故事，值得被倾听和书写。当你开始尝试分享自己的经历时，你可能会感到些许不安和犹豫，担心自己的故事是否足够精彩动人。但是，我想告诉你，每一个故事都有它打动人心的力量。你的喜怒哀乐，你的迷茫和顿悟，你的脆弱和勇气，都值得被记录下来。当你坦诚地分享自己的故事时，你会惊讶地发现，原本陌生的人也会成为挚友。因为在故事里，我们看到了彼此的影子，感受到了命运的共鸣。

表达的背后，是影响的力量。而影响力的本质，是与他人建立真诚而深刻的联结。这需要我们学会倾听和理解，设身处地为他人着想。当你用心聆听他人的想法，尊重不同的声音，你们之间的信任和理解就会不断加深。记住，影响力不是高高在上的说教，而是真诚的对话与共鸣。你的每一次倾听和表达，都在潜移默化地改变这个世界。

在这个数字化的时代，个人品牌的塑造变得尤为重要。通过持续而有价值的自我表达，你不仅能在工作和生活中脱颖而出，还能在线上积累宝贵的数字资产。你的知识、经验、思想和创意，都是独特的财富，值得被更多人看见和认可。

最后，我想说，提升表达力和打造影响力是一项需要终身学习的技能。它需要我们不断进行输入和输出的练习，参加各种工作坊和课程，学习沟通的艺术。这是一段充满挑战，但也充满惊喜的旅程。你会发现，打造影响力不再局限于工作或社交，更是一种积极向上的生活方式。它让我们在提升自我的同时，也能启发和鼓舞他人。

记住，你的声音很重要，这个世界需要你的声音。请相信自己，因为你比自己想象中更加强大。

敢于开口，才能交心；
敢于张扬，才有回音。

学会自洽，在物质需求和精神需求之间
找到平衡点

　　亲爱的高敏感朋友，你是否常感到内心的矛盾和拉扯？一方面，你不得不为了生计而奔波忙碌，甚至怀疑自己是否要以物质享受为人生目标；另一方面，你内心深处却渴望追求更高尚、更纯粹的精神世界，向往简单而有意义的生活。这种物质和精神之间的矛盾，对敏感而细腻的你来说，格外难以平衡。

　　你或许曾被一些为追求纯粹精神世界而抛弃物质生活的故事所打动。例如，毛姆的小说《月亮与六便士》中，主人公斯特里克兰德不顾妻儿的挽留，毅然

决然地放弃了他在伦敦的舒适生活，只身前往巴黎，全身心地投入艺术创作中。他甘愿忍受贫穷和孤独，蜗居在简陋的阁楼，日夜与画布为伴，只为了追寻内心深处的理想和激情。读到这样的故事，你的内心是否也曾悸动不已？是否也曾想过，要像斯特里克兰德那样，勇敢地抛开一切，追随内心的呼唤？

但是，在现实生活中，我们真的可以完全抛开物质，全身心地追求心中的理想吗？经济基础决定上层建筑。也就是说，我们必须首先满足基本的物质需求，如食物、住所、医疗等，才能在此基础上构建丰富的精神生活。一个连温饱都无法保证的人，又怎能腾出心力去思考人生的意义和追求更高远的目标呢？因此，我们既不能一味地吹捧物质，追求奢靡享乐；也不能完全否定物质，沉溺于不切实际的幻想。关键是要在物质需求和精神需求之间找到一个平衡点。

这个平衡点因人而异。有的人可能会选择一份稳定的工作，以满足基本的生活需求，同时利用闲暇时间追求自己的兴趣爱好；有的人可能会选择一种俭朴

的生活方式，通过节俭和储蓄来满足生活需求；还有
的人可能会在工作中寻找意义，将自己的价值观和理
想融入事业中……无论采取何种方式，关键是要在满
足基本物质需求的同时，给内心留出喘息的空间。只
有获得了内在安全感，我们才能更好地追寻精神的
富足。

　　一个人即便拥有再多的金钱和物质，如果内心充
满烦躁、不安、空虚，又怎能感受到真正的快乐呢？
相反，如果我们内心充满平和、喜悦、满足，即使物
质条件并不富裕，我们也能发自内心地体验到幸福。

　　那么，什么是真正的幸福呢？在哈佛大学开展的
一项长达 75 年的跟踪研究发现，幸福的关键因素并非
财富、地位或外表，而是良好的人际关系。在这项研
究中，那些在生命中建立了亲密、持久关系的人，无
论与伴侣、家人还是朋友，都比那些孤独的人更加快
乐、健康。他们不仅心理更加积极乐观，身体也更加
强健；他们的生活质量更高，寿命也更长。由此可见，
拥有深厚的情感联结和社会支持，对一个人的幸福感

至关重要。

除了人际关系，幸福还来自对生活的热情和投入，以及不断学习和成长的过程。当你全身心地投入一件你喜欢的事中，不管工作、学习、运动还是爱好，是不是常会忘却时间的流逝，沉浸在一种专注而愉悦的状态中？在这种心流状态下，人会感到精力高度集中，思维敏捷清晰，完全掌控自己的行为，从而获得巨大的成就感和满足感。可以说，一个人的幸福感，与他投入心流的时间成正比。

那么，高敏感的你，如何才能在物质需求和精神需求之间找到平衡点，获得真正的幸福呢？这里有几点建议，供你参考。

1. 厘清自己真正的需求

我们常被社交媒体的各种信息所影响，盲目地追逐一些并非真正需要的东西。久而久之，我们的生活就被各种物品填满、绑架，失去了本来的简单和自在。因此，你要学会时常静下心来，问问自己：什么是生活中不可或缺的？什么是可以简化或放弃的？学会区分"需要"和"想要"，为生活做减法，你就能腾出更多的时间和精力去追求内心真正渴望的东西。

2. 做好理财规划

作为一个高敏感人，你或许没有强烈的物质欲望，不会过分追求奢侈品和享乐。但同时，你也要认识到金钱在生活中的必要性。没有一定的经济基础，你就难以安心地追求精神生活。因此，你要学会合理地规划自己的收支，存储一部分收入，以备不时之需。同时，你也要允许自己适度地享受物质生活，给自己一些奖赏和放松，但不要过度沉溺其中。

3. 学会打造属于自己的精神花园

作为一个高敏感人，你比常人更加敏感，更容易受到外界刺激的影响。在这个喧嚣、纷乱的世界中，你需要一个安静、私密的空间，让自己的心灵得到休憩和滋养。这个空间，可以是一个物理空间，如一间布置得温馨、舒适的书房或工作室；也可以是一种让精神放松的活动，如每天抽出一段时间冥想、写日记或阅读。在这个空间或活动下，你可以暂时抛开外界的纷扰，与内心深处的自我对话，探索生命的意义和方向。

4. 学会寻找志同道合的伙伴

作为一个高敏感人，你或许常感到与周围的人格格不入，难以被理解和接纳。这种孤独感常让人备感挫折和沮丧。但你要知道，在这个世界上，还有许多和你一样特别、敏感的人。他们和你有相似的兴趣、价值观和生活方式。找到这样的社群，加入他们的圈子，你就能获得支持和理解，不再感到孤单。在这样的社群中，大家可以分享彼此的生活经验和心得体会，互相鼓励和启发，共同探讨如何在物质需求和精神需求之间获得平衡，实现自我成长和超越。

　　亲爱的高敏感朋友，找到物质需求和精神需求之间的平衡点，是每个人一生的功课。对高敏感的你来说，这个过程可能更加不易。你要学会接纳自己的独特，同时也要学会适应这个世界的复杂。这需要勇气、智慧，还有不断探索和实践的决心。但请相信，只要你怀着一颗真诚而谦逊的心，在自己独特的生命旅途中，终会找到那个恰到好处的平衡点。在那里，物质不再是负累，而是滋养心灵的养分；在那里，精神不再是空中楼阁，而是现实生活的指引。

给自己的精神小花园浇浇水，
别让物质的杂草占据整个园子。

第五章

敏感且聪明的人的天赋使命

　　我们正生活在一个日新月异、技术高速发展的时代。在这个瞬息万变的世界里，高敏感人所拥有的独特天赋，不仅是一份宝贵的财富，更是一种意义非凡的使命。你细腻的情感和敏锐的感知力，让你能够捕捉到生活中那些微妙而又易被忽视的美好瞬间；你丰富的内心世界和独特的创造力，让你能够为这个世界带来更多的色彩和想象。在这个充满不确定性和挑战的时代，敏感且优秀的人成了维系人类情感和创造力的关键力量。

—
AI 时代人类情感和创造力的守护者

近年来，人工智能技术的飞速发展震惊了世人。从 ChatGPT 的问世，到 Sora 的发布等，人工智能（Artificial Intelligence，AI）的发展速度之快，令人叹为观止。曾经，人们对 AI 还持观望态度，认为它只能替代一些简单重复的操作性工作，但如今，AI 已经开始挑战人类在创造力方面的优势。它能够创作出令人惊叹的艺术作品，编写出优美的诗歌文章，生成栩栩如生的视频影像。面对这样的情景，许多人开始担忧：人类在创造力方面的优势还能持续多久呢？ AI 会取代人类吗？人类与 AI 究竟是竞争关系还是合作关系？

作为一个高敏感人，我认为在法律和伦理的框架下，我们应该以开放和积极的心态来拥抱时代的变化。就像互联网技术曾经对传统行业带来的颠覆和革新一样，AI 技术也将越来越多地运用于各行各业，大大提升工作效率。与其消极抵抗，不如主动去了解 AI，学习 AI，运用 AI，让自己成为这个时代的弄潮儿，而不是被变革的浪潮所抛弃的人。

在 AI 时代，单纯听话照做、没有自己思想的"工具人"显然已经不能适应新的竞争环境了。我们每个人都应该树立"一人老板"的思维，要站在更高的角度，学会对各种 AI 工具进行"调兵遣将"。就像一位优秀的企业家，要有清晰的战略思路，同时也需要发出明确的指令，调动一支得力的执行团队。未来的竞争必然会愈发激烈，但我们不应该害怕竞争，而是要勇于拥抱变化，提升自己。

传播学奠基人马歇尔·麦克卢汉曾经在《理解媒介：论人的延伸》一书中提出过一个影响深远的观点——媒介是人的延伸。AI 作为一种赋能工具，将会大大地延伸人类的生产力。AI 不仅是一种工具，更是一位能够帮助我们更好地认识自己、表达自己、实现自己的伙伴。

在这样的环境下，作为一个高敏感人，你深刻的情感体验和丰富的内心世界，正是这个时代最需要的珍贵财富。

首先，尽管 AI 的情感模拟很逼真，也只是算法技术的模拟，而不是真实的情感体验。真实的人与人之间的接触、沟通、交流，那种心与心的碰撞和共鸣，是任何技术都无法替代的。每个人独特的生命故事和经历，都蕴藏着难能可贵的智慧和启发。高敏感人，你要相信，你所感受到的，你所经历的，你所创造的，都是这个世界独一无二的瑰宝。

其次，虽然 AI 降低了创造的门槛，但要进行高质量的创造则需要更高的要求。高敏感人，你敏锐的感知力和丰富的内心世界，使你不仅能够写出更加细致入微的 AI 提示词，更能够洞察人性的深度，创造出震撼人心的佳作。你要相信，真正打动人心的，从来不是技术的复杂程度，而是作品中所蕴藏的情感深度和人性光辉。

作为一个高敏感人，我们该如何在这个时代守护人类情感的珍贵性和艺术创造力呢？

第一，要勇敢地分享自己的内心故事，记录下这个世界发生的真实故事。真实的故事永远最有力量。用你的语言天赋和共情能力，去讲述那些平凡而又伟大的人生经历，去记录那些感人至深的瞬间。这些真实的故事，也许并不完美，但却饱含人间百味，值得被倾听和铭记。

第二，要积极发挥人的主观能动性，坚持人文关怀。尽管 AI 已经进入教育、心理咨询等领域，但对复杂深邃的人类心灵世界，仍需要人的参与和引导。高敏感人，要成为这个时代人文关怀的践行者，用你的敏感和同理心，去理解、抚慰、启发他人的心灵，用爱照亮这个世界。

第三，要让 AI 成为我们的得力助手，而不是竞争对手。学会利用 AI 强大的数据处理和分析能力，去放大我们的创造力和情感洞察力，去更快速地实现我们的想法。无论研发等技术类工作，还是营销策划等市场类工作，还是写作、绘画、影像、音乐等艺术创作，都是我们发挥创造力的方式。用真善美为 AI 注入养分，以人类智能引领人工智能，做好海量信息背后的"把关人"，借助 AI 的力量探索全新的创作，革新工作与生活模式。

亲爱的高敏感朋友，请永远相信，你所拥有的敏感、同理心和创造力，是这个时代最宝贵的财富。在 AI 的冲击下，人类情感和创造力的价值更加凸显。请勇敢地拥抱你的天赋，用你独特的方式，去守护和传递这份人性之光。

拥抱你的高敏感天赋，
做 AI 时代人类情感和
创造力的守护者。

—

创建高敏感友好型社会的呼吁

高敏感人在社会中经历着种种误解和挑战，常被贴上"太敏感""太脆弱""玻璃心""矫情""难相处"等标签，导致高敏感人在生活和工作中备受压力和困扰。然而，必须认识到，一个多元化的社会需要不同特质的人，高敏感人的独特天赋同样值得被认可和欣赏。

如果高敏感人生活在一个友好、包容的社会环境中，必将更好地发挥自己的优势，为社会做出更大的贡献。就像一株娇嫩的花朵，在适宜的土壤和阳光下，才能绽放出最美的姿态。因此，创建一个高敏感友好型社会，不仅需要高敏感人自身的努力，更需要全社会的理解和支持。

如果你是一位家长，有一个高敏感特质的孩子，你可以采取以下方式来帮助他更好地成长：

- 创造一个安全、稳定的家庭环境，给予孩子足够的安全感和归属感；
- 尊重孩子的情感需求，耐心倾听他的想法，给予及时的情感支持和鼓励；
- 帮助孩子认识和接纳自己的敏感特质，培养他的自信心和自我认同感；
- 在日常生活中，给予孩子适度的选择权和掌控感，避免过度保护或强迫；
- 与学校老师保持良好沟通，共同为孩子营造一个友好、包容的成长环境。

如果你是一位老师，班上有高敏感特质的学生，你可以这样帮助他们更好地学习和成长：

- 创建一个安全、友好的课堂氛围，鼓励学生表达自己的想法和感受；

- 在教学中采用多元化的方式，如小组讨论、角色扮演等，因材施教，让高敏感学生有更多参与的机会；

- 尊重学生的情感需求，避免当众批评或强迫，以免伤害到他们敏感的自尊心；

- 与家长保持良好沟通，共同为学生营造一个理解、支持的成长环境。

如果你是一位心理咨询师，遇到高敏感特质的来访者，你可以采取以下方式给予专业帮助：

- 以同理心和非评判的态度倾听来访者的困扰，给予他们足够的尊重和理解；

- 帮助来访者认识和接纳自己的敏感特质，视其为一种独特的天赋而非缺陷；

- 根据来访者的具体情况，提供个性化的心理治疗或咨询方案；

- 引导来访者学习情绪管理和压力应对的技巧，提高他们的心理韧性；
- 如若判断来访者的情况超出心理咨询范畴，及时建议其到医院就诊，进行药物治疗，缓解他们的焦虑、抑郁等症状。

如果你是一位公共社区管理者，你可以这样推动高敏感友好型社区建设：

- 在公共场所设立专门的安静区域，供人们读书、思考或简单休息；
- 组织不同类型的社区活动，既有热闹喜庆的活动，也有适合高敏感人参与的小型、深度的交流活动；
- 通过社区教育和公共宣传增加对高敏感性的普及，帮助更多人理解和接纳高敏感人群。

如果你是一位企业雇主，团队中有高敏感特质的员工，你可以这样鼓励他更好地工作：

- 为高敏感员工提供相对安静、独立的工作环境，减少不必要的干扰；

- 在领导方式上，多采用赏识和鼓励，少用批评和指责的方式，以免伤害高敏感员工的自尊心；

- 在工作安排上给予一定的灵活性，如弹性工作制，让高敏感员工有更多自主权；

- 重视高敏感员工的情感需求，定期与他们沟通，给予适当的关怀和支持；

- 充分发挥高敏感员工的优势，如将其放在创意、策划等需要敏锐洞察力的岗位上。

如果你的另一半是高敏感人，你可以采取以下方式来维护和加深彼此的感情：

- 学习了解高敏感人的特质和需求，以更多的包容和耐心对待对方；

- 在沟通中，多倾听对方的想法，给予足够的理解和支持，避免争吵和指责；

- 创造一个温馨、浪漫的二人空间，如烛光晚餐、私密约会等，满足对方对亲密关系的渴望；

- 在做重大决定时，如购房、结婚等，要充分考虑对方的感受，给予对方足够的时间和空间；

- 在日常相处中，多一些肢体接触和情感表达，如拥抱、亲吻、说"我爱你"，让对方感受到满满的爱意。

如果你有高敏感特质的朋友，你可以这样与他们建立更深厚的友谊：

- 与对方分享彼此的生活和心情，给予适时的倾听和情感支持。以真诚、非评判的态度对待对方，给予其足够的尊重和理解；

- 在相处时，尊重对方的独处需求，给予适当的个人空间；

- 在做出游玩等安排时，考虑对方的感受，与对方充分沟通，选择双方都可接受的活动方式；

- 在对方遇到困难时，给予实际的帮助和支持，让其感受到真挚的友谊。

　　总之，创建一个高敏感友好型社会，需要更多人的努力。我们要倡导多样性和包容性的价值观，通过教育和公共宣传，可以增加公众对高敏感人格特征的认识，帮助高敏感人实现自我认同，促进社会的理解和支持。同时，要在生活和工作中，为高敏感人创造一个支持性的环境。让我们携手共建这样一个世界，让高敏感人的独特天赋在这里绽放光芒，让每一个独特生命都能找到自己的位置和价值。

在真实世界里热诚地活着，
绽放属于你的独特光芒！

　　亲爱的高敏感朋友，这趟认识自我的旅程即将画上句号。在这个快节奏、高压力的社会中，你可能曾因为自己的敏感而感到困惑，但希望看完这本书后，你能知道，你的高敏感性是一份与生俱来的礼物。

　　首先，接受并拥抱你的高敏感性。认识到它是你独特个性的一部分，它让你能够以一种深刻而独特的方式体验世界。这个世界约有 1/5 的人与你拥有相似的特质，你并不孤单。

　　其次，将你的高敏感性转化为力量，逆势成长。你天性敏感，但绝不脆弱，当你学会爱自己，你就有了从逆境中重新站起的越来越强大的力量，你会在人生这场无限游戏中获得更丰盛的体验。

最后，发挥敏感且聪明的人的天赋使命，利用你的敏感性去感知他人的需求和情感，用你的创造力去创作触动人心的作品，为社会做出自己的贡献。

愿你拥抱自己的独特性，在真实世界里热诚地生活，在这个世界上绽放属于你的光芒！